企业新型学徒制焊工中级实训教程

主　　编　朱游兵　徐跃进
副主编　魏健东　耿　溢　唐跃辉　宋小娟

重庆大学出版社

内容提要

本书详细的从焊接安全、常用焊接方法运用、常用金属材料焊接、焊接质量 4 个方面介绍了中级焊工需要掌握的相关操作技能,采用模块化教学,内容上力求体现"以职业活动为导向,以职业技能为核心"的指导思想,突出新型学徒制职业培训特色。本书定位为中级焊工的职业技能培训实训教材,内容以实际操作角度出发,配套该书的理论教程,适用于企业参加技能鉴定培训的人员自学使用,也可供焊接专业技校师生、从事焊接工作的技术人员阅读,是焊工职业技能培训与鉴定的辅导用书。

图书在版编目(CIP)数据

企业新型学徒制焊工中级实训教程 / 朱游兵,徐跃进主编. –– 重庆:重庆大学出版社,2021.1

ISBN 978-7-5689-2301-9

Ⅰ.①企… Ⅱ.①朱… ②徐… Ⅲ.①焊接—职业培训—教材 Ⅳ.①TG4

中国版本图书馆 CIP 数据核字(2020)第 175060 号

企业新型学徒制焊工中级实训教程

主 编 朱游兵 徐跃进
副主编 魏健东 耿 溢 唐跃辉 宋小娟
责任编辑:周 立 付 勇 版式设计:周 立
责任校对:王 倩 责任印制:张 策

*

重庆大学出版社出版发行
出版人:饶帮华
社址:重庆市沙坪坝区大学城西路 21 号
邮编:401331
电话:(023)88617190 88617185(中小学)
传真:(023)88617186 88617166
网址:http://www.cqup.com.cn
邮箱:fxk@ cqup.com.cn(营销中心)
全国新华书店经销
重庆华林天美印务有限公司印刷

*

开本:787mm × 1092mm 1/16 印张:9 字数:227 千
2021 年 1 月第 1 版 2021 年 1 月第 1 次印刷
印数:1—2 000
ISBN 978-7-5689-2301-9 定价:39.00 元

前　言

　　企业中的技能人才是企业生产一线的重要力量,他们对提高产品的质量和市场竞争力起着非常重要的作用。近年来,国家大力发展职业技能教育,弘扬工匠精神,净化技工培训,强化职业鉴定,对提高劳动者素质、增强劳动就业能力、推动企业生产技术进步有着积极作用。

　　为推动企业新型学徒制职工培训和焊工职业技能鉴定工作的开展、在焊工从业人员中推行国家职业资格证书制度、在《国家职业标准》焊工中级的基础上,参照标准编写《企业新型学徒制焊工中级理论教程》和《企业新型学徒制焊工中级实训教程》,两部教程将焊工中级理论与技能知识紧密结合,建议配套使用。

　　本书为焊工中级实操部分,紧贴国家职业技能鉴定焊工中级标准,衔接理论教程,内容上力求体现"以职业活动为导向,以职业技能为核心"的指导思想,突出新型学徒制职业培训特色。结构上,本书是针对本职业的职业活动的领域,按照《标准》的"职业功能"模块化的方式进行编写的,其中的"技能"对应常见的实用焊接技能内容。

　　本书作为中级焊工的职业技能培训实操教材,内容从实际操作角度出发,适用于企业参加技能鉴定培训的人员自学使用,也可供焊接专业技校师生、从事焊接工作的技术人员阅读,是焊工职业技能培训与鉴定的辅导用书。

　　本书由重庆电子工程职业学院朱游兵、徐跃进担任主编,魏健东、耿溢、唐跃辉、宋小娟担任副主编。朱游兵负责职业功能 1、职业功能 2 的撰写,徐跃进负责职业功能 3 的撰写,魏健东、宋小娟负责职业功能 4 的撰写。重庆长安汽车股份有限公司耿溢、唐跃辉为全书提供技能训练指导素材和参考数据,并提供焊接技能操作指导。

　　由于时间仓促,编者水平有限,错误和疏漏在所难免,欢迎提出宝贵意见和建议。

编　者

2021 年 1 月

目　录

职业功能 **1**

焊接安全及劳保用品使用

本部分为焊工(中级)国家职业技能标准中的职业功能1,主要涉及焊接安全和劳保及安全检查2个技能点。

技能内容

技能1.1　焊接安全

技能1.2　劳保用品使用

技能 1.1　焊接安全

1.1.1　技能目标

①理解电焊工安全操作规程,通过学习能够安全文明生产。

②熟悉电焊工操作规程。

1.1.2　所需场地、防护具、工具及设备

①场地及设备准备:焊接实训室、电焊机。

②工量具及设备准备:焊条、风帽、安全帽、护目镜、焊接工作服、焊接手套、焊接围裙、焊接护腿等。

1.1.3　相关技能知识

1.文明生产守则

①上课与下课要有秩序地进出生产实训场地。

②上课前穿好工作服,女生戴好工作帽,辫子盘在工作帽内。

③不准穿背心、拖鞋和戴围巾进入生产实训场地。

④在实训课上要团结互助,遵守纪律,不准随便离开生产实训场地。

⑤在实训中要严格遵守安全操作规程,避免出现人身和设备事故。

⑥爱护工具、量具和生产实训场地的其他设备、设施。

⑦注意防火,注意安全用电,如果电气设备出现故障,应立即关闭电源,报告实训教师,不得擅自处理。

⑧搞好文明生产,保持工作位置的整齐和清洁。

⑨节约原材料,节约水电,节约油料和其他辅助材料。

⑩生产实训课结束后应认真清理工具、量具和其他附具,清扫工作地,关闭电源。

2.电焊工安全操作规程

①工作前应认真检查工具、设备是否完好,焊机的外壳是否可靠地接地。焊机的修理应由电气保养人员进行,其他人员不得拆修。

②工作前应认真检查工作环境,确认为正常方可开始工作,施工前穿戴好劳保用品,戴好安全帽。高空作业要系好安全带。敲焊渣、磨砂轮戴好平光眼镜。

③接拆电焊机电源线或电焊机发生故障,应会同电工一起进行修理,严防触电事故。

④接地线要牢靠安全,不准用脚手架、钢丝缆绳、机床等作接地线。

⑤在靠近易燃地方焊接,要有严格的防火措施,必要时须经安全员同意方可工作。焊接完毕应认真检查确无火源,才能离开工作场地。

⑥焊接密封容器、管子应先开好放气孔。修补已装过油的容器,应清洗干净,打开入孔盖或放气孔,才能进行焊接。

⑦在已使用过的罐体上进行焊接作业时,必须查明是否有易燃、易爆气体或物料,严禁在未查明之前动火焊接。焊钳、电焊线应经常检查、保养,发现有损坏应及时修好或更换,焊接过程发现短路现象应先关好焊机,再寻找短路原因,防止焊机烧坏。

⑧焊接吊码、加强脚手架和重要结构应有足够的强度,并敲去焊渣认真检查是否安全、可靠。

⑨在容器内焊接,应注意通风,把有害烟尘排出,以防中毒。在狭小容器内焊接应有2人,以防触电等事故。

⑩容器内油漆未干,有可燃体散发不准施焊。

⑪工作完毕必须断掉龙头线接头,检查现场,灭绝火种,切断电源,才能离开现场。

3. 预防触电的安全技术

通过人体的电流大小,取决于线路中的电压和人体的电阻。人体的电阻除人体自身的电阻外,还包括人所穿的衣服、鞋等的电阻。干燥的衣服、鞋及干燥的工作场地,能使人体的电阻增大。人体的电阻为 $800 \sim 50\ 000\ \Omega$。通过人体的电流大小不同,对人体的伤害轻重程度也不同。当通过人体的电流强度超过 0.05 A 时,生命就有危险;达到 0.1 A 时,足以使人致命。根据欧姆定律推算可知,40 V 的电压足以对人身产生危险。而焊接工作场地所用的网路电压为 380 V 或 220 V,焊机的空载电压一般都在 60 V 以上。因此,焊工在工作时必须注意防止触电。

①焊工要熟悉和掌握有关电的基本知识,以及预防触电和触电后的急救方法等知识,严格遵守有关部门规定的安全措施,防止触电事故发生。

②遇到焊工触电时,切不可赤手去拉触电者,应先迅速将电源切断。如果切割电源后触电者呈昏迷状态,应立即对其实行人工呼吸,直至送到医院为止。

③在光线昏暗的场地、容器内操作或夜间工作时,使用的工作照明灯的安全电压不大于36 V,高空作业或特别潮湿的场所,其安全电压不超过 12 V。

④焊工的工作服、手套、绝缘鞋应保持干燥。

⑤在潮湿的场地工作时,应用干燥的木板或橡胶板等绝缘物作垫板。

⑥焊工在拉、合电源刀开关或接触带电物体时,必须单手进行。因为双手操作电源刀开关或接触带电物体时,如发生触电,会通过人体心脏形成回路,造成触电者迅速死亡。

4. 预防火灾和爆炸的安全技术

焊接时,由于电弧及气体火焰的温度很高,而且在焊接过程中有大量的金属火花飞溅物,如稍有疏忽大意,就会引起火灾甚至爆炸。因此焊工在工作时,为了防止火灾及爆炸事故的发生,必须采取下列安全措施:

①焊接前要认真检查工作场地周围是否有易燃易爆物品(如棉纱、油漆、汽油、煤油、木屑等),如有易燃易爆物品,应将这些物品移至距离焊接工作地 10 m 以外。

②在焊接作业时,应注意防止金属火花飞溅而引起火灾。

③严禁设备在带压时焊接或切割,带压设备一定要先解除压力(卸压),并且焊割前必须打开所有孔盖。未卸压的设备严禁操作,常压而密闭的设备也不许进行焊接或切割。

④凡被化学物质或油脂污染的设备都应清洗后再进行焊接或切割。如果是易燃、易爆或者有毒的污染物,更应彻底清洗,经有关部门检查,并填写动火证后,才能进行焊接或切割。

⑤在进入容器内工作时,焊接或切割工具应随焊工同时进出,严禁将焊接或切割工具放在容器内而焊工擅自离去,以防混合气体燃烧和爆炸。

⑥焊条头及焊后的焊件不能随便乱扔,要妥善管理,更不能扔在易燃、易爆物品的附近,以免发生火灾。

5.预防有害气体和烟尘中毒的安全技术

焊接时,焊工周围的空气常被一些有害气体及粉尘所污染,如氧化锰、氧化锌、臭氧、氟化物、一氧化碳和金属蒸气等。焊工长期呼吸这些烟尘和气体,对身体健康是不利的,甚至会引起焊工患上肺尘埃沉着病(俗称尘肺)及锰中毒等,因此,应采取下列预防措施:

①焊接场地应有良好的通风(图1.1)。焊接区的通风是排出烟尘和有毒气体的有效措施,通风的方式有以下几种:

a.全面机械通风。安装数台轴流式风机向外排风,使车间内经常更换新鲜空气。

b.局部机械通风。在焊接工位安装小型通风机械,进行送风或排风。

c.充分利用自然通风。正确调节车间的侧窗和天窗,加强自然通风。

图1.1 焊接通风

②合理组织劳动布局,避免多名焊工拥挤在一起操作。

③尽量扩大埋弧自动焊的使用范围,以代替焊条电弧焊。

④做好个人防护工作,减少烟尘等对人体的侵害,目前多采用静电防尘口罩。

6.预防弧光辐射的安全技术

弧光辐射主要包括可见光、红外线、紫外线3种辐射。过强的可见光耀眼炫目;眼部受到红外线辐射,会感到强烈的灼伤和灼痛,发生闪光幻觉;紫外线对眼睛和皮肤有较大的刺激性,它能引起电光性眼炎。电光性眼炎的症状是眼睛疼痛、有砂粒感、多泪、畏光、怕风吹等,但电光性眼炎治愈后一般不会有任何后遗症。皮肤受到紫外线照射时,先是痒、发红、触疼,以后会变黑、脱皮。如果工作时注意防护,以上症状是不会发生的。因此,焊工应采取下列措施预防弧光辐射:

①焊工必须使用有电焊防护玻璃的面罩。

②面罩应该轻便、成形合适、耐热、不导电、不导热、不漏光。

③焊工工作时,应穿白色帆布工作服,以防止弧光灼伤皮肤。

④操作引弧时,焊工应该注意周围工人,以免强烈弧光伤害他人眼睛。

⑤在厂房内和人多的区域进行焊接时,尽可能地使用防护屏,避免周围人受弧光伤害。

7. 特殊环境焊接的安全技术

所谓特殊环境焊接,是指在一般工业企业正规厂房以外的地方,例如,在高空、野外、容器内部等进行的焊接。在这些地方焊接时,除遵守上面介绍的一般技术要求外,还要遵守一些特殊的规定。

1)高处焊接作业

焊工在距基准面 2 m 以上(包括 2 m)有可能坠落的高处进行焊接作业称为高处(登高)焊接作业。

①患有高血压、心脏病等疾病与酒后人员,不得进行高处焊接作业。

②高处焊接作业时,焊工应系安全带,地面应有人监护(或两人轮换作业)。

③在高处焊接作业时,登高工具(如脚手架等)要安全、牢固、可靠,焊接电缆线等应扎紧在固定地方,不能缠绕在身上或搭在背上工作。不能用可燃物(如麻绳等)作固定脚手架、焊接电缆线和气割用气管的材料。

④乙炔瓶、氧气瓶、焊机等焊接设备器具应尽量留在地面上。

⑤雨天、雪天、雾天或刮大风(六级以上)时,禁止高处焊接作业。

2)容器内焊接作业

①进入容器内部前,先要弄清容器内部的情况。

②把该容器和外界联系的部位,都要进行隔离和切断,如电源和附带在设备上的水管、料管、蒸气管、压力管等均要切断并挂牌。如容器内有污染物,应进行清洗并经检查确认无危险后,才能进入内部进行焊接。

③进入容器内部焊接要实行监护制,派专人进行监护。监护人不能随便离开现场,并与容器内部的人员经常取得联系。

④在容器内焊接时,内部尺寸不应过小,还应注意通风排气工作。通风应用压缩空气,严禁使用氧气作为通风。

⑤在容器内部作业时,要做好绝缘防护工作,最好垫上绝缘垫,以防止触电等事故的发生。

3)露天或野外作业

①夏季在露天工作时,必须有防风雨棚或临时凉棚。

②露天作业时应注意风向,不要让吹散的铁液及焊渣伤人。

③雨天、雪天或雾天时,不准露天作业。

④夏季进行露天气焊、气割时,应防止氧气瓶、乙炔瓶直接受烈日暴晒,以免气体膨胀发生爆炸。冬季如遇瓶阀或减压器冻结时,应用热水解冻,严禁火烤。

1.1.4　技能训练

1. 焊接检查的主要项目,请按照以下步骤进行检查

①检查设备、工具、材料是否排列整齐。

②检查焊接场地通道是否畅通。

③检查气焊胶管、焊接电缆是否相互缠绕。

④检查焊接作业面是否足够。

⑤检查场地周围是否存在可燃物质。

⑥检查室内作业面通风是否良好。

⑦检查室外作业现场。

2. 将焊接相关安全检查内容填入表 1.1 中

表 1.1　场地安全检查表

序　号	检查对象	是否正常	整改措施	其他说明
1				
2				
3				
4				

技能 1.2　劳保用品使用

1.2.1　技能目标

①能够正确准备个人劳保用品,并对场地、设备、工具、夹具等进行安全检查。
②能够正确穿戴劳保用品。

1.2.2　所需防护具、工具及设备

①场地及设备准备:焊接实训室、电焊机。
②工量具准备:焊条、风帽、安全帽、护目镜、焊接工作服、焊接手套、焊接围裙、焊接护腿等。

1.2.3　相关技能知识

1.劳保用品的种类及要求

1)焊接护目镜

焊接弧光中含有的紫外线、可见光、红外线强度均大大超过人体眼睛所能承受的限度,过强的可见光将对视网膜产生烧灼,造成眩晕性视网膜炎;过强的紫外线将损伤眼角膜和结膜,造成电光性眼炎;过强的红外线将对眼睛造成慢性损伤。因此必须采用护目滤光片来进行防护。关于滤光片颜色的选择,根据人眼对颜色的适应性,滤光片的颜色以黄绿、蓝绿、黄褐为好。

焊工务必根据电流大小及时更换不同遮光号的滤光片,切实改正不论电流大小均使用一块滤光片的陋习,否则必将损伤眼睛。

2)焊接防护面罩

常用焊接面罩如图 1.2 和图 1.3 所示。面罩是用 1.5 mm 厚钢纸板压制而成,质轻、坚韧、绝缘性与耐热性好。

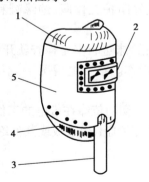

图 1.2　手持式电焊面罩
1—上弯司;2—观察窗;3—手柄;4—下弯司;5—面罩主体

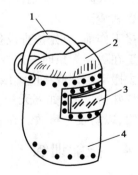

图 1.3　头盔式电焊面罩
1—头箍;2—上弯司;3—观察窗;4—面罩主体

护目镜片可以启闭的 MS 型电焊面罩如图 1.4 所示,手持式面罩护目镜启闭按钮设在手柄上,头戴式面罩护目镜启闭开关设在电焊钳胶木柄上,使引弧及敲渣时都不必移开面罩,焊

工操作方便,得到更好的防护。

3)防护工作服

焊工用防护工作服,应符合国标《防护服装 阻燃防护 第 2 部分:焊接服》(GB 8965.2—2009)规定,具有良好的隔热和屏蔽作用,以保护人体免受热辐射、弧光辐射和飞溅物等伤害。常用白帆布工作服或铝膜防护服。用防火阻燃织物制作的工作服也已开始应用。

4)电焊手套和工作鞋

电焊手套宜采用牛绒面革或猪绒面革制作,以保证绝缘性能好和耐热不易燃烧。

工作鞋应为具有耐热、不易燃、耐磨和防滑性能的绝缘鞋,现一般采用胶底翻毛皮鞋。新研制的焊工安全鞋具有防烧、防砸性能,绝缘性好(用干法和湿法测试,通过电压 7.5 kV 保持 2 min 的绝缘性试验),鞋底可耐热 200 ℃ 稳定 15 min 的性能。

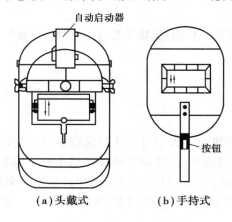

(a)头戴式　　　　(b)手持式

图 1.4　MS 型电焊面罩

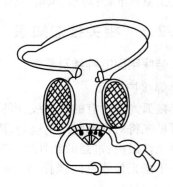

图 1.5　自吸过滤式防尘口罩

5)防尘口罩

当采用通风除尘措施不能使烟尘浓度降到卫生标准以下时,应佩戴防尘口罩。国产自吸过滤式防尘口罩如图 1.5 所示。

2.劳保用品穿戴注意事项

①做好个人防护。焊工操作时必须按劳保规定穿戴好防护工作服、绝缘鞋和防护手套,并保持干燥和清洁。

②焊接工作前,应先检查设备和工具是否可靠。不允许未进行安全检查就开始操作。

③焊工在更换焊条时一定要戴电焊手套,不得赤手操作。在带电情况下,不得将焊钳夹在腋下而去搬动焊件或将电缆线挂在脖子上。

④在特殊情况下(如夏天身上大量出汗,衣服潮湿时),切勿依靠在带电的工作台、焊件上或接触焊钳,以防发生事故。在潮湿地点焊接作业,地面上应铺上橡胶板或其他绝缘材料。

1.2.4　技能训练

1.焊接检查的主要项目

①检查设备、工具、材料是否排列整齐。

②检查焊接场地通道是否畅通。

③检查气焊胶管、焊接电缆是否相互缠绕。

④检查焊接作业面是否足够。

⑤检查场地周围是否存在可燃物质。

⑥检查室内作业面通风是否良好。

⑦检查室外作业现场是否正常。

⑧检查焊接工作服是否完好。

⑨检查焊接手套是否完好。

⑩检查焊接护目镜是否完好。

⑪检查焊接面罩是否正常。

⑫检查焊接护腿是否正常。

⑬检查焊接抽排系统是否正常。

⑭检查焊机是否正常。

⑮检查焊接工作鞋是否正常。

⑯检查焊接披肩是否正常。

⑰检查焊接风帽是否正常。

2. 按图1.6所示正确穿戴劳保用品

图1.6 正确穿戴劳保用品

3. 技能训练记录

请结合实训室现场情况,列举个人劳保用品、工具、设备,写出它们的用途并判断是否正常,然后填入表1.2中。

表1.2 焊接实训场地及劳保用品检查表

序 号	名 称	用 途	是否正常

续表

序　号	名　称	用　途	是否正常

1.2.5　考核要点与评分标准

考核要点与评分标准见表1.3。

表1.3　考核要点及评分标准表

序号	评分项	得分条件	配分	评分要求	得分	测评结果
1	安全/6S/态度	□1. 能进行工位 6S 操作 □2. 能进行设备和工具安全检查 □3. 能进行场地安全防护 □4. 能进行工具清洁、校准、存放操作 □5. 能进行三不落地操作	15	未完成1项扣3分，扣分不超过15分		□合格 □不合格
2	专业技能能力	□1. 能正确穿戴焊接工作服 □2. 能正确穿戴焊接工作帽 □3. 能正确穿戴防护眼镜 □4. 能正确穿戴焊接手套 □5. 能正确穿戴焊接护腿 □6. 能正确描述安全规程 □7. 能正确检查场地安全	35	未完成1项扣5分，扣分不超过35分		□合格 □不合格
3	工具及设备使用能力	□1. 能正确使用电焊钳 □2. 能正确使用角磨机 □3. 能正确使用面罩	15	未完成1项扣5分，扣分不超过15分		□合格 □不合格
4	资料、信息查询能力	□1. 能正确使用焊接手册查询资料 □2. 能正确填写焊接相关信息 □3. 能在规定时间内查询所需资料 □4. 能正确记录检查结果及数据	20	未完成1项扣5分，扣分不超过20分		□合格 □不合格
5	数据判读和分析能力	□1. 能分析焊接面罩是否正常 □2. 能得出正确的使用结论	10	未完成1项扣5分，扣分不超过10分		□合格 □不合格
6	表单填写与报告的撰写能力	□1. 字迹清晰 □2. 语句通顺 □3. 无错别字 □4. 无涂改 □5. 无抄袭	5	未完成1项扣1分，扣分不超过5分		□合格 □不合格

职业功能 2

常用焊接方法运用

本部分为焊工(中级)国家职业技能标准中的职业功能 2,主要涉及手工电弧焊、CO_2 气体保护焊、电阻焊、手工钨极氩弧焊、埋弧焊、等离子弧焊与切割等共包括 60 个技能点。

技能内容

技能 2.1 　手工电弧焊

技能 2.2 　CO_2 气体保护焊

技能 2.3 　电阻焊

技能 2.4 　手工钨极氩弧焊

技能 2.5 　埋弧焊

技能 2.6 　等离子弧焊与切割

技能 2.1　手工电弧焊

2.1.1　技能目标

①掌握焊条电弧焊设备及用具使用方法。
②掌握焊条电弧焊的点燃、调节、保持和熄灭方法。
③掌握低碳钢普通低合金钢的平对接焊条电弧焊的基本操作技能。

2.1.2　所需场地、防护具、工具及设备

①设备及场地准备:焊接实训室、焊机。
②工量具准备:焊接钢板、焊条、风帽、安全帽、护目镜、焊接工作服、焊接手套、焊接围裙、焊接护腿等。

2.1.3　相关技能知识

1.平敷焊、引弧操作

1)平敷焊的特点

平敷焊是焊件处于水平位置时,在焊件上堆敷焊道的一种操作方法。在选定焊接工艺参数和操作方法的基础上,利用电弧电压、焊接速度,达到控制熔池温度、熔池形状来完成焊接焊缝。

平敷焊是初学者进行焊接技能训练时所必须掌握的一项基本技能,焊接技术易掌握,焊缝无烧穿、焊瘤等缺陷,易获得良好焊缝成型和焊缝质量。

2)基本操作姿势

焊接基本操作姿势有蹲姿、坐姿、站姿,如图 2.1 所示。

(a)蹲姿　　　　　　(b)坐姿　　　　　　(c)站姿

图 2.1　焊接基本操作姿势

焊钳与焊条的夹角如图 2.2 所示。

焊钳的握法如图 2.3 所示。

面罩的握法为左手握面罩,自然上提至内护目镜框与眼平行,向脸部靠近,面罩与鼻尖距离 10 ~ 20 mm 即可。

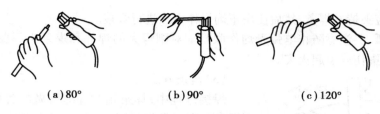

(a) 80°　　　　　(b) 90°　　　　　(c) 120°

图 2.2　焊钳与焊条的夹角

3）基本操作方法

（1）引弧

焊条电弧焊施焊时，使焊条引燃焊接电弧的过程，称为引弧。
常用的引弧方法有划擦法、直击法两种。

图 2.3　焊钳的握法

①划擦法。

优点：易掌握，不受焊条端部清洁情况（有无熔渣）限制。

缺点：操作不熟练时，易损伤焊件。

操作要领：类似划火柴。先将焊条端部对准焊缝，然后将手腕扭转，使焊条在焊件表面上轻轻划擦，划的长度以 20～30 mm 为佳，以减少对工件表面的损伤，再将手腕扭平后迅速将焊条提起，使弧长约为所用焊条外径 1.5 倍，作"预热"动作（即停留片刻），保持弧长不变，预热后将电弧压短至与所用焊条直径相符。最后在始焊点作适量横向摆动，且在起焊处稳弧（即稍停片刻）以形成熔池后进行正常焊接，如图 2.4（a）所示。

②直击法。

优点：直击法是一种理想的引弧方法。适用于各种位置引弧，不易碰伤工件。

缺点：受焊条端部清洁情况限制，用力过猛时药皮易大块脱落，造成暂时性偏吹，操作不熟练时易粘于工件表面。

操作要领：焊条垂直于焊件，使焊条末端对准焊缝，然后将手腕下弯，使焊条轻碰焊件，引燃后，将手腕放平，迅速将焊条提起，使弧长约为焊条外径 1.5 倍，稍微"预热"后，压低电弧，使弧长与焊条内径相等，且焊条横向摆动，待形成熔池后向前移动，如图 2.4（b）所示。

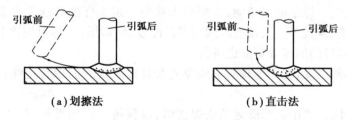

引弧前　　　　　引弧后　　　　　　　引弧前　　　　　引弧后

(a) 划擦法　　　　　　　　　(b) 直击法

图 2.4　引弧方法

影响电弧顺利引燃的因素有工件清洁度、焊接电流、焊条质量、焊条酸碱性、操作方法等。

（2）引弧注意事项

①注意清理工件表面，以免影响引弧及焊缝质量。

②引弧前应尽量使焊条端部焊芯裸露，若不裸露可用锉刀轻锉，或轻击地。

③焊条与焊件接触后提起时间应适当。

④引弧时，若焊条与工件出现粘连，应迅速使焊钳脱离焊条，以免烧损弧焊电源，待焊条冷却后，用手将焊条拿下。

⑤引弧前应夹持好焊条,然后使用正确操作方法进行焊接。

⑥初学引弧,要注意防止电弧光灼伤眼睛。对刚焊完的焊件和焊条头不要用手触摸,也不要乱丢,以免烫伤或引起火灾。

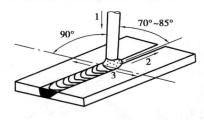

图 2.5　焊条角度与应用

（3）运条方法

焊接过程中,焊条相对焊缝所做的各种动作的总称叫运条。在正常焊接时,焊条一般有三个基本运动相互配合,即沿焊条中心线向熔池送进、沿焊接方向移动、焊条横向摆动（平敷焊练习时焊条可不摆动）,如图 2.5 所示。

①焊条的送进。沿焊条的中心线向熔池送进,主要用来维持所要求的电弧长度和向熔池添加填充金属。焊条送进的速度应与焊条熔化速度相适应,如果焊条送进速度比焊条熔化速度慢,电弧长度会增加;当然如果焊条送进速度太快,则电弧长度迅速缩短,使焊条与焊件接触,造成短路,从而影响焊接过程的顺利进行。

长弧焊接时所得焊缝质量较差,因为电弧易左右飘移,使电弧不稳定,电弧的热量散失,焊缝熔深变浅,又由于空气侵入易产生气孔,所以在焊接时应选用短弧。

②焊条纵向移动。焊条沿焊接方向移动,目的是控制焊道成形,若焊条移动速度太慢,则焊道会过高、过宽,外形不整齐,如图 2.6（a）所示。焊接薄板时甚至会发生烧穿等缺陷。若焊条移动太快则焊条和焊件熔化不均造成焊道较窄,甚至发生未焊透等缺陷,如图 2.6（b）所示。只有速度适中时才能焊成表面平整、焊波细致且均匀的焊缝,如图 2.6（c）所示。焊条沿焊接方向移动的速度由焊接电流、焊条直径、焊件厚度、装配间隙、焊缝位置以及接头型式来决定。

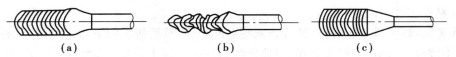

(a)　　　　　　　　(b)　　　　　　　　(c)

图 2.6　焊条沿焊接方向移动

③焊条横向摆动。焊条横向摆动,主要是为获得一定宽度的焊缝和焊道,也是对焊件输入足够的热量,排渣、排气等。其摆动范围与焊件厚度、坡口形式、焊道层次和焊条直径有关,摆动的范围越宽,则得到的焊缝宽度也越大。

为了控制好熔池温度,使焊缝具有一定宽度和高度及良好的熔合边缘,对焊条的摆动可采用多种方法。

a.直线形运条法。采用直线形运条法焊接时,应保持一定的弧长,焊条不摆动并沿焊接方向移动。因为此时焊条不横向摆动,所以熔深较大,且焊缝宽度较窄。在正常的焊接速度下,焊波饱满平整。此法适用于板厚 3～5 mm 的不开坡口的对接平焊、多层焊的第一层焊道和多层多道焊。

b.直线往返形运条法。此法是焊条末端沿焊缝的纵向作来回直线形摆动,如图 2.7 所示,主要适用于薄板焊接和接头间隙较大的焊缝。其特点是焊接速度快、焊缝窄、散热快。

c.锯齿形运条法。此法是将焊条末端作锯齿形连续摆动并向前移动,如图 2.8 所示,在两边稍停片刻,以防产生咬边缺陷。这种手法操作容易、应用较广,多用于比较厚的钢板的焊接,适用于平焊、立焊、仰焊的对接接头和立焊的角接接头。

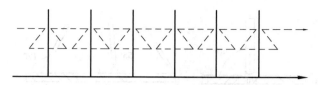

图 2.7   直线往返形运条法

d.月牙形运条法。如图 2.9 所示,此法是使焊条末端沿着焊接方向作月牙形的左右摆动,并在两边的适当位置作片刻停留,以使焊缝边缘有足够的熔深,防止产生咬边缺陷。此法适用于仰、立、平焊位置以及需要比较饱满焊缝的地方。其适用范围和锯齿形运条法基本相同,但用此法焊出来的焊缝余高较大。其优点是,能使金属熔化良好,而且有较长的保温时间,熔池中的气体和熔渣容易上浮到焊缝表面,有利于获得高质量的焊缝。

图 2.8   锯齿形运条法    图 2.9   月牙形运条法

e.三角形运条法。如图 2.10 所示,此法是使焊条末端作连续三角形运动,并不断向前移动。按适用范围不同,可分为斜三角形和正三角形两种运条方法。其中斜三角形运条法适用于焊接 T 形接头的仰焊缝和有坡口的横焊缝。其特点是能够通过焊条的摆动控制熔化金属,促使焊缝成型良好。正三角形运条法仅适用于开坡口的对接接头和 T 形接头的立焊。其特点是一次能焊出较厚的焊缝断面,有利于提高生产率,而且焊缝不易产生夹渣等缺陷。

(a)斜三角形运条法   (b)正三角形运条法

图 2.10   三角形运条法

f.圆圈形运条法。如图 2.11 所示,将焊条末端连续作圆圈运动,并不断前进。这种运条方法又分正圆圈和斜圆圈两种。正圆圈运条法只适于焊接较厚工件的平焊缝,其优点是能使熔化金属有足够高的温度,有利于气体从熔池中逸出,可防止焊缝产生气孔。斜圆圈运条法适用于 T 形接头的横焊(平角焊)和仰焊以及对接接头的横焊缝,其特点是可控制熔化金属不受重力影响,能防止金属液体下淌,有助于焊缝成型。

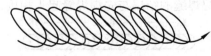

(a)正圆圈形运条法   (b)斜圆圈形运条法

图 2.11   圆圈形运条法

④焊条角度。焊接时工件表面与焊条所形成的夹角称为焊条角度。
焊条角度应根据焊接位置、工件厚度、工作环境、熔池温度等来选择,如图 2.12 所示。

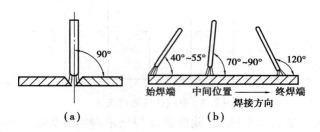

图 2.12 焊条角度

（4）运条时的几个关键动作及作用

①焊条角度。掌握好焊条角度是为控制铁水与熔渣很好地分离,防止熔渣超前现象和控制一定的熔深。立焊、横焊、仰焊时,还有防止铁水下坠的作用。

②横摆动作。作用是保证两侧坡口根部与每个焊波之间很好地熔合及获得适量的焊缝熔深与熔宽。

③稳弧动作(电弧在某处稍加停留之意)。作用是保证坡口根部很好熔合,增加熔合面积。

④直线动作是保证焊缝直线敷焊,并通过变化直线速度控制每道焊缝的横截面积。

⑤焊条送进动作是控制弧长,添加焊缝填充金属。

（5）运条时注意事项

①焊条运至焊缝两侧时应稍作停顿,并压低电弧。

②3 个动作运行时要有规律,应根据焊接位置、接头形式、焊条直径与性能、焊接电流大小以及技术熟练程度等因素来掌握。

③对于碱性焊条应选用较短电弧进行操作。

④焊条在向前移动时,应达到匀速运动,不能时快时慢。

⑤运条方法的选择应在实训指导教师的指导下,根据实际情况确定。

4）接头技术

（1）焊道的连接方式

焊条电弧焊时,由于受到焊条长度的限制或操作姿势的变化,不可能一根焊条完成一条焊缝,因而出现了焊道前后两段的连接。焊道连接一般有以下几种方式。

①后焊焊缝的起头与先焊焊缝结尾相接,如图 2.13(a)所示。

②后焊焊缝的起头与先焊焊缝起头相接,如图 2.13(b)所示。

③后焊焊缝的结尾与先焊焊缝结尾相接,如图 2.13(c)所示。

④后焊焊缝的结尾与先焊焊缝起头相接,如图 2.13(d)所示。

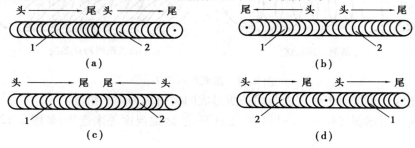

图 2.13 焊缝接头的 4 种情况

（2）焊道连接注意事项

①接头时引弧应在弧坑前 10 mm 任何一个待焊面上进行,然后迅速移至弧坑处划圈进行正常焊。

②接头时应对前一道焊缝端部进行清理工作,必要时可对接头处进行修整,这样有利于保证接头的质量。

5）焊缝的收尾

焊接时电弧中断和焊接结束,都会产生弧坑,常出现疏松、裂纹、气孔、夹渣等现象。为了克服弧坑缺陷,就必须采用正确的收尾方法,一般常用的收尾方法有 3 种。

（1）划圈收尾法

焊条移至焊缝终点时,作圆圈运动,直到填满弧坑再拉断电弧。此法适用于厚板收尾,如图 2.14(a)所示。

（2）反复断弧收尾法

焊条移至焊缝终点时,在弧坑处反复熄弧,引弧数次,直到填满弧坑为止。此法一般适用于薄板和大电流焊接,不适用碱性焊条,如图 2.14(b)所示。

（3）回焊收尾法

焊条移至焊缝收尾处即停住,并且改变焊条角度回焊一小段。此法适用于碱性焊条,如图 2.14(c)所示。

收尾方法的选用还应根据实际情况来确定,可单项使用,也可多项结合使用。无论选用何种方法都必须将弧坑填满,达到无缺陷为止。

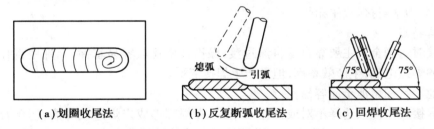

（a）划圈收尾法　　　（b）反复断弧收尾法　　　（c）回焊收尾法

图 2.14　焊缝的收尾方法

6）操作要领

手持面罩,看准引弧位置,用面罩挡着面部,将焊条端部对准引弧处,用划擦法或直击法引弧,迅速而适当地提起焊条,形成电弧。

7）调试电流

（1）看飞溅

电流过大时,电弧吹力大,可看到较大颗粒的铁水向熔池外飞溅,焊接时爆裂声大;电流过小时,电弧吹力小,熔渣和铁水不易分清。

（2）看焊缝成型

电流过大时,熔深大,焊缝余高低,两侧易产生咬边;电流过小时,焊缝窄而高,熔深浅,且两侧与母材金属熔合不好;电流适中时焊缝两侧与母材金属熔合得很好,呈圆滑过渡。

（3）看焊条熔化状况

电流过大时,当焊条熔化了大半截时,其余部分均已发红;电流过小时,电弧燃烧不稳定,焊条易粘在焊件上。

操作要求:按指导教师示范动作进行操作,教师巡查指导,主要检查焊接电流、电弧长度、运条方法等,若出现问题,及时解决,必要时再进行个别示范。

8)注意事项

①焊接时要注意对熔池的观察,熔池的亮度反映熔池的温度,熔池的大小反映焊缝的宽窄;注意对熔渣和熔化金属的分辨。

②焊道的起头、运条、连接和收尾的方法要正确。

③正确使用焊接设备,调节焊接电流。

④焊接的起头和连接处基本平滑,无局部过高、过宽现象,收尾处无缺陷。

⑤焊波均匀,无任何焊缝缺陷。

⑥焊后焊件无引弧痕迹。

⑦训练时注意安全,焊后工件及焊条头应妥善保管或放好,以免烫伤。

⑧为延长弧焊电源的使用寿命,调节电流时应在空载状态下进行,调节极性时应在焊接电源未闭合状态下进行。

⑨在实训场所周围应设置灭火器材。

⑩操作时必须穿戴好工作服、脚套和手套等防护用品。

⑪必须戴防护遮光面罩,以防电弧灼伤眼睛。

⑫弧焊电源壳必须有良好的接地或接零,焊钳绝缘手柄必须完整无缺。

2. 平焊操作

在平焊位置进行的焊接称为平焊。平焊是最常应用、最基本的焊接方法。平焊根据接头形式不同,分为平对接焊、平角焊。

1)平焊特点

①焊接时熔滴金属主要靠自重自然过渡,操作技术比较容易掌握,允许用直径较大的焊条和较大的焊接电流,生产效率高,但易产生焊接变形。

②熔池形状和熔池金属容易保持。

③若焊接工艺参数选择不对或操作不当,易在根部形成未焊透或焊瘤,运条及焊条角度不正确时,熔渣和铁水易出现混在一起分不清现象或熔渣超前形成夹渣,平角焊尤为突出。

2)平焊操作要点

①焊缝处于水平位置,故允许使用较大电流,较粗直径焊条施焊,以提高劳动生产率。

②尽可能采用短弧焊接,可有效提高焊缝质量。

③控制好运条速度,利用电弧的吹力和长度使熔渣与液态金属分离,有效防止熔渣向前流动。

④T形、角接、塔接平焊接头,若两钢板厚度不同,则应调整焊条角度,将电弧偏向厚板一侧,使两板受热均匀。

⑤多层多道焊应注意选择层次及焊道顺序。

⑥根据焊接材料和实际情况选用合适的运条方法。

对于不开坡口平对接焊,正面焊缝采用直线运条法或小锯齿形运条法,熔深可大于板厚的2/3,背面焊缝可用直线也可用小锯齿形运条法,但电流可大些,运条速度可快些。

对于开坡口平对接焊,可采用多层焊或多层多道焊,打底焊宜选用小直径焊条施焊,运条方法采用直线形、锯齿形、月牙形均可。其余各层可选用大直径焊条,电流也可大些,运条方法可用锯齿形、月牙形等。

　　对于 T 形接头、角接接头、搭接接头可根据板厚确定焊角高度,当焊角尺寸大时宜选用多层焊或多层多道焊。对于多层单道焊,第一层选用直线运条,其余各层选用斜环形、斜锯齿形运条。对于多层多道焊易选用直线形运条方法。

　　⑦焊条角度如图 2.15 所示。

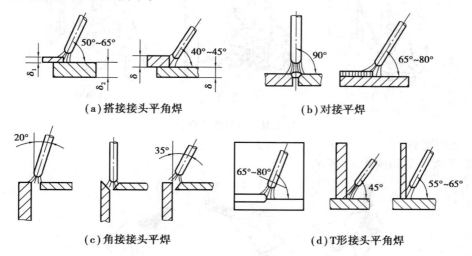

(a)搭接接头平角焊　　　　　　　　(b)对接平焊

(c)角接接头平焊　　　　　　　　(d)T形接头平角焊

图 2.15　焊条角度

3)注意事项

　　①掌握正确选择焊接工艺参数的方法。

　　②操作时注意对操作要领的应用,特别是对焊接电流、焊条角度、电弧长度及运条速度的调整及协调。

　　③注意对熔池观察,发现异常应及时处理,否则会出现焊缝缺陷。

　　④焊前焊后要注意对焊缝清理,注意对缺陷的处理。

　　⑤训练时若出现问题应及时向指导教师报告,请求帮助。

　　⑥定位焊点放在工件两端 20 mm 以内,焊点长不超过 10 mm。

3. 立焊操作

1)立焊的特点

　　立焊是指与水平面相垂直的立位焊缝的焊接。根据焊条的移动方向,立焊焊接方法可分为两类:一类是自上向下焊,需特殊焊条才能进行施焊,故应用少;另一类是自下向上焊,采用一般焊条即可施焊,故应用广泛。

　　立焊较平焊操作困难,具有下列特点:

　　①铁水与熔渣因自重下坠,故易分离。但熔池温度过高时,铁水易下流形成焊瘤、咬边;熔池温度过低时,易产生夹渣缺陷。

　　②易掌握熔透情况,但焊缝成型不良。

　　③T 形接头焊缝根部易产生未焊透现象,焊缝两侧易出现咬边缺陷。

　　④焊接生产效率较平焊低。

　　⑤焊接时宜选用短弧焊。

　　⑥操作技术难掌握。

2)立焊操作的基本姿势

（1）基本姿势

立焊操作的基本姿势包括站姿、坐姿、蹲姿,如图2.16所示。

（a）站姿　　　　　（b）坐姿　　　　　（c）蹲姿

图2.16　立焊操作姿势

（2）握钳姿势

立焊握钳姿势如图2.17所示。

（a）正握　　　　　（b）平握　　　　　（c）反握

图2.17　立焊握钳姿势

3)立焊操作的一般要求

（1）保证正确焊条角度

一般情况焊条角度向下倾斜60°~80°,电弧指向熔池中心,如图2.18所示。

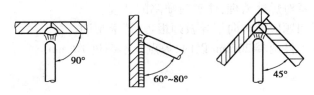

图2.18　立焊焊条角度图

（2）选用合适工艺参数

选用较小焊条直径(<φ4.0 mm),较小焊接电流(比平焊小20%左右),采用短弧焊。焊接时要特别注意对熔池温度的控制,不要过高,可选用灭弧焊法来控制温度。

（3）选用正确运条方法

一般情况可选用锯齿形、月牙形、三角形运条方法。当焊条运至坡口两侧时应稍作停顿,以增加焊缝熔合性和减少咬边现象发生,如图2.19所示。

4)焊接时注意事项

①焊接时注意对熔池形状观察与控制。若发现熔池呈扁平椭圆形,如图2.20(a)所示,说明熔池温度合适。熔池的下方出现鼓肚变圆时,如图2.20(b)所示,则表明熔池温度已稍高,立即调整运条方法。

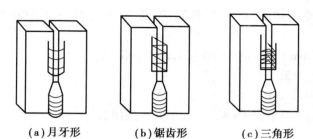

(a)月牙形　　　　(b)锯齿形　　　　(c)三角形

图 2.19　立对接焊运条方法

(a)正常　　　　(b)温度稍高　　　　(c)温度过高

图 2.20　熔池形状与温度的关系

若不能将熔池恢复到扁平状态,反而鼓肚有扩大的趋势,如图 2.20(c)所示,则表明熔池温度过高,不能通过运条方法来调整温度,应立即灭弧,待降温后再继续焊接。

②握钳方法可根据实际情况和个人习惯来确定,一般常用正握法。

③采用跳弧焊时,为了有效地保护好熔池,跳弧长度不应超过 6 mm。采用灭弧焊时,在焊接初始阶段,因为焊件较冷,灭弧时间短些,焊接时间可长些。随着焊接时间延长,焊件温度升高,灭弧时间要逐渐增加,焊接时间要逐渐减短。这样才能有效地避免出现烧穿和焊瘤。

④立焊是一种比较难焊的位置,因此在起头或更换焊条时,当电弧引燃后,应将电弧稍微拉长,对焊缝端头起到预热作用后再压低电弧进行正式焊接。当接头采用热接法时,因为立焊选用的焊接电流较小、更换焊条时间过长、接头时预热不够及焊条角度不正确,造成熔池中熔渣、铁水混在一起,接头中产生夹渣和造成焊缝过高现象。若用冷接法,则应认真清理接头处焊渣,于待焊处前方 15 mm 处起弧,拉长电弧,到弧坑上 2/3 处压低电弧作划半圆形接头。立焊收尾方法较简单,采用反复点焊法收尾即可。

5)注意事项

①由于立焊位置的特殊性,故在焊接时要特别注意飞溅烧伤,应穿戴好工作服,戴好焊接皮手套及工作帽。

②清渣时要戴好护目平光眼镜。

③在搬运及翻转焊件时,应注意防止手脚被压伤或烫伤。

④工件摆放高度应与操作者眼睛持平。将工件夹牢固,防止倒塌伤人。

⑤焊好的工件应妥善保管好,不能脚踩或手拿,以免烫伤。

⑥严格按照操作规程操作,出现问题应及时报告指导教师解决。

6)实训操作练习

(1)V 形坡口立对接双面焊焊接技术

①焊接特点。

V 形坡口立对接双面焊焊接技术与 6 mm 板立焊相比操作方法较好掌握,熔池温度较好控制。但由于焊件较厚,需采用多层多道焊,故给焊接操作带来一定困难,特别是打底焊,若掌握不好会出现多种焊接缺陷,如夹渣、焊瘤、咬边、未焊透、烧穿、焊缝出现尖角等。

②操作准备:

a. 实训工件:300 mm×150 mm×10 mm,2块一组。

b. 弧焊设备:BXL-315。

c. 焊条:E4303,ϕ3.2 mm。

d. 辅助工具:清渣工具、处理缺陷工具、个人劳保用品等。

③操作步骤。

清理工件→校对坡口角度→组装→定位焊→清渣→反变形→打底焊→填充焊→盖面焊→反转180°焊→清渣→检查。

④操作要领:

a. 清理工件。校对坡口角度、组装、定位焊、清渣与开坡口平对接焊基本相同。组装时预留间隙2~3 mm为宜,反变形角度2°~3°为宜。

b. 打底焊。V形坡口底部较窄(图2.21),焊接时若工艺参数选择不当、操作方法不正确都会出现焊缝缺陷。为获得良好焊缝质量,应选用直径为3.2 mm焊条,电流90~100 A,焊条角度与焊缝成70°~80°,运条方法选用小三角形、小月牙形、锯齿形均可,操作方法选用跳弧焊,也可用灭弧焊。

（a）　　　　　　　　　（b）

图2.21　V形坡口立对接焊的根部焊缝

c. 填充焊。焊前应对底层焊进行彻底清理,对高低不平处应进行修整后再焊,否则会影响下一道焊缝质量。调整焊接工艺参数,焊接电流95~105 A,焊条角度与焊缝成60°~70°,运条方法与打底焊相同,但摆动幅度要比打底焊宽,操作方法可选择跳弧焊法或稳弧焊法(焊条横摆频率要高,到坡口两侧停顿时间要稍长),以免焊缝出现中间凸、两侧低,造成夹渣现象。

d. 盖面焊。焊前要彻底清理前一道焊缝及坡口上的焊渣及飞溅。盖面前一道焊缝以低于工件表面0.5~1.0 mm为佳,若高出该范围值,盖面时会出现焊缝过高现象,若低于该范围值,盖面时则会出现焊缝过低现象。盖面焊焊接电流应比填充焊要小10 A左右,焊条角度应稍大些,运条至坡口边缘时应尽量压低电弧且稍停片刻,中间过渡应稍快,手的运动一定要稳、准、快,只有这样才能获得良好的焊缝。

翻转180°背面焊,电流应稍大,运条方法与盖面焊相同,行走速度应稍快些,以免焊缝过高。

（2）立角焊焊接技术

①立角焊焊接特点。

T形接头、塔形接头焊缝处于立焊位置的焊缝称为立角焊。焊接时焊缝根部(角顶)易出现未焊透,焊缝两旁易出现咬边,焊缝中间易出现夹渣等焊缝缺陷。

②操作准备:

a. 实训工件:Q235,300 mm×150 mm×10 mm,2块一组。

b. 弧焊电源:BXL-315。

c. 焊条:E4303,φ3.2 mm,烘干。

d. 辅助工具:清理工具、个人劳保用品等。

③操作步骤。

清理工件→组装工件→定位焊→清渣→选择焊接工艺参数→焊接→清渣、检验。

④操作要领:

a. 用清理工具将工件表面上的杂物清理干净,将待焊处矫平直。

b. 组装成 T 形接头,并用 90°角尺将工件测量准确后,再进行点固焊。

c. 焊接,从工件下端定位焊缝处引弧,引燃电弧后拉长电弧作预热动作,当达到半熔化状态时,把焊条开始熔化的熔滴向外甩掉,勿使这些熔滴进入焊缝,立即压低电弧至 2~3 mm,使焊缝根部形成一个椭圆形熔池,随即迅速将电弧提高 3~5 mm,等熔池冷却为一个暗点,直径约 3 mm 时,将电弧下降到引弧处,重新引弧焊接,新熔池与前一个熔池重叠 2/3,然后再提高电弧,即采用跳弧操作手法进行施焊。第二层焊接时可选用连弧焊,但焊接时要控制好熔池温度,若出现温度过高时应随时灭弧,降低熔池温度后再起弧焊接,从而避免焊缝过高或焊瘤的出现。

焊缝接头应采用热接法,做到快、准、稳。若采用冷接法应彻底清理接头处焊渣,操作方法类似起头。焊后应对焊缝进行质量检查,发现问题应及时处理。

⑤注意事项:

a. 焊接电流可稍大些,以保证焊透。

b. 焊条角度应始终保持与焊件两侧板获得温度一致为标准。若达不到即会出现夹渣、咬边现象。

c. 焊接时要特别注意对熔池形状、温度、大小的控制,一旦出现异样,立即采取措施。后一个熔池与前一个熔池相重叠 2/3 为佳,接头时要注意接头位置,避免脱节现象发生。

d. 焊条摆动应有规律、均匀,当焊条摆到工件两侧时,应稍作停顿,且压低电弧。这样一可防止夹渣产生;二可防止咬边产生;三可得到均匀的焊缝。

e. 角的运条方法,如图 2.22 所示。

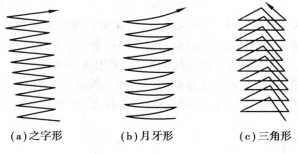

(a)之字形　　　　　(b)月牙形　　　　　(c)三角形

图 2.22　立焊运条方法

4. 横焊操作

横焊是指焊接方向与地面呈平行位置的操作。

(1)横焊的特点

熔池铁水因自重下坠,使焊道上低下高,若焊接电流较大运条不当时,上部易咬边,下部易高或产生焊瘤,因此,开坡口的厚件多采用多层多道焊,较薄板焊时也常常采用多道焊。

（2）操作准备

①实训工件:Q235,300 mm×150 mm×4 mm,2 块,300 mm×150 mm×6 mm,2 块。

②弧焊电源:BXL-315。

③焊条:E4303,φ3.2 mm,烘干。

④辅助工具:清理工具、个人劳保用品等。

⑤装配点固焊与平、立对接焊相似。

（3）焊条角度及运动轨迹

不同运条方法的焊条角度及运动轨迹如图 2.23 所示。

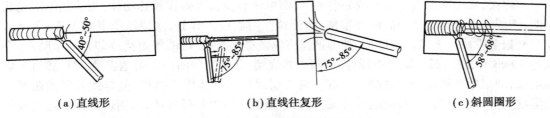

（a）直线形　　　　　（b）直线往复形　　　　　（c）斜圆圈形

图 2.23　焊条角度及运动轨迹

（4）实训操作练习

①操作要领:

a. 起头。在板端 10～15 mm 处引弧后,立即向施焊处长弧预热 2～3 s,转入焊接,如图 2.24所示。

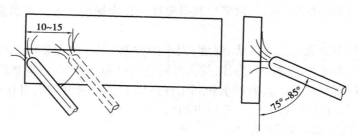

图 2.24　起头

b. 根据工艺参数对照表,选择适当的运条方法,保持正确的焊条角度,均匀稍快的焊速,熔池形状保持较为明显,避免熔渣超前,同时全身也要随焊条的运动倾斜或移动并保持稳定协调。

c. 当熔渣超前,或有熔渣覆盖熔池形状倾向时,采用拨渣运条法。

d. 焊接中电弧要短,严密监视熔池温度即母材熔化情况,若熔池内凹或铁水下淌,要及时灭弧,转灭弧和连弧相结合运条,以防烧穿和咬边,如图 2.25 所示。焊道收尾处,采用灭弧法填满弧坑。

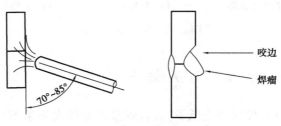

图 2.25　灭弧法

e.接头要领参照起头。

②注意事项：

a.当焊缝上部凹或有咬边时，可再焊一道或两道，成为单层多道焊，如图2.26所示。

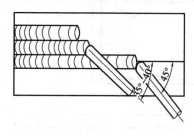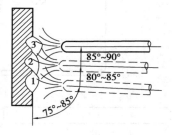

图2.26　单层多道焊

b.若焊缝的承载力较大，可先焊一层直且低或平于母材表面的薄底，再以多道焊盖面的方法焊接，第一道将焊条中心对准打底焊缝的底边进行施焊，焊速要均匀，焊道控制要直，才能保证后几道焊道和整个焊缝的美观。

5.仰焊对接操作

（1）仰焊的特点

熔池铁水因自重下坠，铁水和熔渣不易分离，焊缝成型不好，操作时熔池情况不易观察，还很快产生疲劳，控制运条不当时易产生夹渣等缺陷。因此，必须苦练基本功和更大的毅力才能掌握。

（2）操作准备

①实训工件：Q235，300 mm×150 mm×4 mm，2块，300 mm×150 mm×6 mm，2块。

②弧焊电源：BXL-315。

③焊条：E4303，φ3.2 mm，烘干。

④辅助工具：清理工具、个人劳保用品等。

⑤装配点固焊与平、立对接焊相似。

不同运条方法的焊条角度及运动轨迹如图2.27所示。

（3）实训操作练习

操作要领：

①起头。在板端5～10 mm处引弧，移至板端长弧预热2～3 s，压低电弧正式焊接。

②采用斜圆圈运条时，让焊条头先指向上板，使熔滴先于上板熔合，由于运条的作用，部分铁水会自然地被拖到立面的钢板上来，这样两边就能得到均匀的熔合。

③直线形运条时，保持0.5～1 mm的短弧焊接，不要将焊条头搭在焊缝上拖着走，以防出现窄而凸的焊道。

④保持正确的焊条角度和均匀的焊速，保持短弧，向上送进速度要与焊条燃烧速度一致。

⑤施焊中，所看到的熔池表面为平或凹的为最佳，当温度较高时熔池表面会外鼓或凸，严重时将出现焊瘤，解决的方法是加快向前摆动的速度和缩短两侧停留时间，必要时减小焊接电流。

⑥接头时，换焊条要快（即热焊），在原弧坑前5～10 mm处引弧，移向弧坑下方长弧预热1～2 s，转入正常焊接，如图2.28所示。

⑦焊缝排列对称原则如图2.29所示。

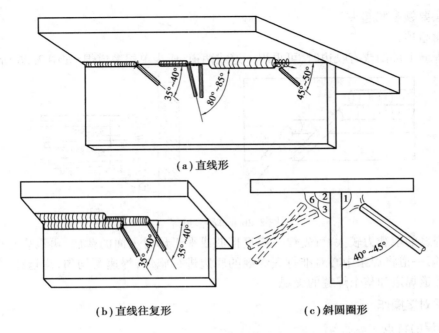

(a)直线形

(b)直线往复形　　　　　　　(c)斜圆圈形

图 2.27　不同运条方法的焊条角度及运动轨迹

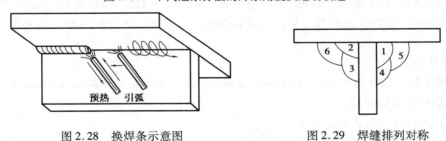

图 2.28　换焊条示意图　　　　　　图 2.29　焊缝排列对称

（4）注意事项

起头和接头在预热过程中，很容易出现熔渣与铁水混在一起和熔渣超前现象，这时应将焊条与上板夹角减小，以增大电弧吹力，这时千万不能灭弧，如起焊处已过高或产生焊瘤应用电弧将其割掉。

（5）仰对接焊操作练习

①操作准备：

a.实训工件：Q235,300 mm×150 mm×4 mm,2块。

b.弧焊电源：BXL-315。

c.焊条：E4303,φ3.2 mm,烘干。

d.辅助工具：清理工具、个人劳保用品等。

e.装配点固焊与平、立对接焊相似。

不同运条方法的焊条角度及运动轨迹如图2.30所示。

②操作要领与注意事项：

a.根据个人习惯，焊钳采用正握和反握均可。

b.起头和接头：要领与仰角焊相似。

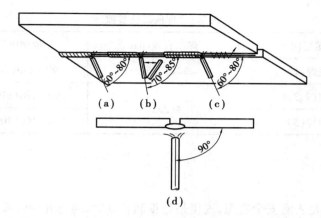

（a）直线形运条；（b）直线往复运条；（c）锯齿形运条；（d）各运条与两侧钢板夹角

图2.30　焊条角度及运动轨迹

　　c.保持正确的焊条角度,无论哪种运条、焊速都不能过慢,锯齿形运条时,在焊缝中心处过渡要稍快,到两边要稍停。

　　d.尽量保持短弧和均匀的焊速。

　　e.快到收尾时,温度要稍高,要采用连灭运条法施焊,最后一定要将弧坑填满。

　　f.焊前要做好个人防护,避免烧伤或烫伤。

2.1.4　技能训练

1.平板平位单面焊双面成型

1）焊件尺寸及要求

①材料:Q235 钢板(图2.31)。

②尺寸:300 mm×200 mm×12 mm。

③坡口尺寸:60°V 形坡口,钝边 1 mm。

④焊接位置:平焊。

⑤焊接要求:单面焊双面成型。

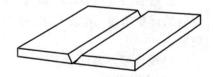

图2.31　Q235 钢板

⑥焊接材料:E4303。

⑦焊机:ZX7—250ST。

2）试件装配

①清除坡口面及两侧 20 mm 范围内的油、锈、水分及其他污物,至露出金属光泽。

②装配:

a.装配间隙:始端为 3 mm,终端为 4 mm。

b.定位焊:采用与焊接相同的 E4303 焊条进行定位焊,在焊件反面两端点焊,焊点长度为10～15 mm。

c.预置反变形量 3°～4°。

d.错边量不大于 1.4 mm。

3）焊接参数

焊接工艺参数见表2.1。

表2.1　焊接工艺参数

焊接层次	焊条直径/mm	焊接电流/A
打底焊（1）	3.2（2.5）	90～120（70～80）
填充焊（2、3、4）	4（3.2）	160～190（110～140）
盖面焊（5）		140～160（100～120）

4）实训步骤

（1）引弧练习

首先，检查焊机是否有安全隐患，连接是否正确。其次，通电开始引弧练习。

要点：焊条的装夹要领，在钢板2 mm范围的定点引弧，采用划擦法引弧。

（2）钢板对接平敷焊练习

（3）焊前准备

①坡口加工。

②焊件装配及预留反变形量。

③调整焊接间隙及定位焊。

④打底焊。

a. 打底层选用φ3.2 mm焊条，110～120 A电流，采用灭弧法焊接焊条时，焊条与焊件之间的角度为90°，焊条与焊缝之间的角度为70°～80°。

b. 填充层选用φ3.2 mm焊条，130～140 A电流，填充层施焊前，应将打底层的熔渣和飞溅清理干净，打底层的接头处应修复平整。填充层的焊条角度为70°～80°。

c. 盖面层选用φ3.2 mm焊条，130～140 A电流，应将前一层的熔渣和飞溅清理干净，施焊时的焊条角度、运条方法、接头方法与填充层相同，只是焊条水平摆动的幅度比填充层更宽。

5）操作要点及注意事项

（1）打底焊

应保证得到良好的背面成形。

单面焊双面成型的打底焊，操作方法有连弧法与断弧法两种。

连弧法的特点是焊接时，电弧燃烧不间断，生产效率高，焊接熔池保护得好，产生的缺陷少，但它对装配质量要求高，参数选择要求严，故其操作难度较大，易产生烧穿和未焊透等缺陷。

断弧法（又分为两点击穿法和一点击穿法两种手法）的特点是依靠电弧时燃时灭的时间长短来控制熔池的温度，因此，焊接工艺参数的选择范围较宽，易掌握，但生产效率低，焊接质量不如连弧法易保证，且易出现气孔、冷缩孔等缺陷。

断弧焊的一点击穿法。置试板大装配间隙于右侧，在试板左端定位焊缝处引弧，并用长弧稍作停留进行预热，然后压低电弧两钝边兼作横向摆动。当钝边熔化的铁水与焊条金属熔滴连在一起，并听到"噗噗"声响时，便形成第一个熔池，灭弧。它的运条动作特点：每次接弧时，焊条中心应对准熔池的2/3左右处，电弧同时熔化两侧钝边。当听到"噗噗"声后，果断灭弧，使每个熔池覆盖前一个熔池的2/3左右。

操作时必须注意:当接弧位置选在熔池后端,接弧后再把电弧拉至熔池前端灭弧,则易造成焊缝夹渣。此外,在封底焊时,还易产生缩孔。解决办法是提高灭弧频率,由正常 50 次/min ~ 60 次/min,提高到 80 次/min 左右。

更换焊条时的接头方法:在换焊条收弧前,先在熔池前做一个熔孔,然后回焊 10 mm 左右,再收弧,以使熔池缓慢冷却。迅速更换焊条,在弧坑后部 20 mm 左右处起弧,用长弧对焊缝预热,在弧坑后 10 mm 左右处压低电弧,用连续手法运条到弧坑根部,并将焊条往熔孔中压下,听到"噗噗"击穿声后,停顿 2 s 左右灭弧,即可按断弧封底法进行正常操作。

(2)填充焊

试焊前先将前一道焊缝熔渣、飞溅清除干净,修正焊缝的过高处与凹槽。进行填充焊时,应选用较大的电流,并采用如图 2.32 的焊条倾角,焊条的运条方法可采用月牙形或锯齿形,摆动幅度应逐层加大,并在两侧稍作停留。

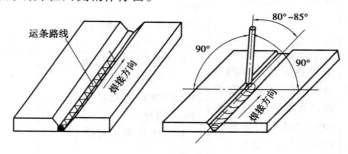

图 2.32　填充焊焊条倾角图

在焊接第四层填充层时,应控制整个坡口内的焊缝比坡口边缘低 0.5 ~ 1.5 mm,最好略呈凹形,以便使盖面时能看清坡口和不使焊缝高度超高。

(3)盖面焊

盖面焊所使用的焊接电流应稍小一点,要使熔池形状和大小保持均匀一致,焊条与焊接方向夹角应保持 75°左右,焊条摆动到坡口边缘时应稍作停顿,以免产生咬边。

盖面层的接头方法:换焊条收弧时应对熔池稍添熔滴铁水迅速更换焊条,并在弧坑前约 10 mm 处引弧,然后将电弧退至弧坑的 2/3 处,填满弧坑后就可正常进行焊接。接头时应注意:若接头位置偏后,则使接头部位焊缝过高;若偏前,则造成焊道脱节。

盖面层的收弧可采用 3 ~ 4 次断弧引弧收尾,以填满弧坑、使焊缝平滑为准。

6)评分标准

平板平位单面焊双面成型评分标准见表 2.2。

表 2.2　平板平位单面焊双面成型评分标准

序号	考核内容	考核要点	评分标准	配分	学生自测 20%	教师检测 80%	得分
1	焊前准备	劳保着装及工具准备齐全,并符合要求,参数设置、设备调试正确	工具及劳保着装不符合要求,参数设置、设备调试不正确一项扣 1 分	5			
2	焊接操作	定位及操作方法正确	定位不对及操作不准确任何一项不得分	10			

续表

序号	考核内容	考核要点	评分标准	配分	学生自测 20%	教师检测 80%	得分
3	焊缝外观	两面焊缝表面不允许有焊瘤、气孔、烧穿等缺陷	出现任何一种缺陷不得分	20			
		焊缝咬边深度≤0.5 mm,两侧咬边总长度不超过焊缝有效长度的15%	1.咬边深度≤0.5 mm (1)累计长度每5 mm扣一分 (2)累计长度超过焊缝有效长度的15%不得分 2.咬边深度>0.5 mm不得分	10			
		未焊透深度≤15%δ且≤1.5 mm 总长度不超过焊缝有效长度的10%(氩弧焊打底的试件不允许未焊透)	1.未焊透深度≤15%δ且≤1.5 mm累计长度超过焊缝有效长度的10%不得分 2.未焊透深度超标不得分	10			
		背面凹坑深度≤25%δ且≤1 mm;除仰焊位置的板状试件不作规定外,总长度不超过有效长度的10%	1.背面凹坑深度≤25%δ且≤1 mm;背面凹坑长度每5 mm扣一分 2.背面凹坑深度>1 mm时不得分	10			
		双面焊缝余高0~3 mm,焊缝宽度比坡口每侧增宽0.5~2.5 mm,宽度误差≤3 mm	每种尺寸超差一处扣2分,扣满10分为止	15			
		错边≤10%	超差不得分	5			
		焊后角变形误差≤3°	超差不得分	5			
4	其他	安全文明生产	设备、工具复位;试件、场地清理干净,有一处不符合要求扣1分	10			
合计				100			

2.平板立位单面焊双面成型

1)焊件尺寸及要求

①材料:Q235 钢板(图2.33)。

②尺寸:300 mm×200 mm×12 mm。

③坡口尺寸:60°V 形坡口,钝边 1 mm。

④焊接位置:立焊。

⑤焊接要求:单面焊双面成型。

⑥焊接材料:E4303。

⑦焊机:ZX7—250ST。

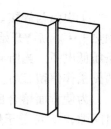

图 2.33　Q235 钢板

2)试件装配

①清除坡口面及两侧 20 mm 范围内的油、锈、水分及其他污物,至露出金属光泽。

②装配:

a.装配间隙:始端为 3 mm,终端为 4 mm。

b.定位焊:采用与焊接相同的 E4303 焊条进行定位焊,在焊件反面两端点焊,焊点长度为 15 mm 左右,并将试板与焊缝坡口垂直固定于焊接架上。

c.预置反变形量 4°~5°。

d.错边量≤1 mm。

3)焊接参数

焊接工艺参数见表 2.3。

表 2.3　焊接工艺参数

焊接层次	焊条直径/mm	焊接电流/A
打底焊(1)	2.5	65 ~ 75
填充焊(2、3)	3.2	100 ~ 120
盖面焊(4)	3.2	100 ~ 120

4)操作步骤

焊前准备:

(1)坡口加工

(2)焊件装配及预留反变形量

(3)调整焊接间隙及定位焊

(4)打底焊

①打底层选用 φ3.2 mm 焊条,115 ~ 120 A 电流,采用灭弧法焊接焊条角度,焊条与焊件之间的角度为 90°,焊条与焊缝之间的角度为 60°~70°。

②填充层选用 φ3.2 mm 焊条,100 ~ 110 A 电流,填充层施焊前,应将打底层的熔渣和飞溅清理干净,打底层的接头处应修复平整。填充层的焊条角度为 60°~70°。

③盖面层选用 φ3.2 mm 焊条,95 ~ 105 A 电流,应将前一层的熔渣和飞溅清理干净,施焊时的焊条角度、运条方法、接头方法与填充层相同,只是焊条水平摆动的幅度比填充层更宽。

5)操作要点及注意事项

(1)打底焊

应保证得到良好的背面成形。

①引弧与焊接。在下部定位焊缝上面 10～20 mm 处引弧，并迅速向下拉至定位焊缝上，预热 1～2 s 后，开始摆动并向上运动，到下部定位焊缝上端时，稍加大焊条角度，并向前送焊条压低电弧。当听到击穿声形成熔孔后，作锯齿形横向摆动，连续向上焊接，施焊时，电弧在两侧稍作停留，以达焊缝与母材熔合良好。

为使背面熔合良好，电弧应短，运条速度要均匀，间距不宜过大，应使电弧的 1/3 对着坡口间隙，2/3 覆盖于熔池上，形成熔孔。

熔池呈水平的椭圆形较好，这时的焊条末端离试件底平面 1.5～2 mm，约有一半的电弧在间隙后面燃烧。

焊接过程中电弧应尽可能短，以防出现气孔。更换焊条时，电弧应向左下或右下方回拉 10～15 mm，并将电弧迅速拉长至熄灭，以避免出现弧坑缩孔，并形成斜坡以利接头。

②接头。接头不当时易产生凹坑、凸起、焊瘤等缺陷。接头方法有热接法和冷接法。

热接法时更换焊条要迅速，在熔池还在红热状态下，以比正常焊条角度大 10°，在熔池上方约 10 mm 一侧坡口面上引弧，引燃电弧后拉回原弧坑进行预热，然后稍微横向摆动向上施焊，并逐渐压低电弧，待填满弧坑移至熔孔时，将焊条向试件背压送，并稍作停留，当听到击穿声形成新熔孔后，即可向上按正常方法施焊。

冷接法是需将收弧处焊缝修磨成斜坡，再按热接法操作。

打底层焊道正面应平整，避免两侧产生沟槽。

（2）填充焊

分两层两道进行施焊。填充焊前应清除熔渣与飞溅，将凹凸不平处修磨平整。施焊时的焊条下倾角度比打底焊时小 10°～15°，以防熔化金属下淌，另外焊条的摆动幅度应随着坡口的增宽而稍加大。

整个填充焊缝应低于母材表面 1～1.5 mm，并使其表面平整或呈凹形，以利盖面层施焊。

（3）盖面焊

盖面焊的关键是要保证焊缝表面成形尺寸和熔合情况，防止咬边和熔合不良。

施焊时的焊条角度、运条方法均同填充层，但摆动幅度应宽，在两侧应将电弧进一步压低，并稍作停留，摆动的中间速度应稍快，以防出现焊瘤。

6）评分标准

平板立位单面焊双面成型评分标准见表 2.4。

表 2.4　平板立位单面焊双面成型评分标准

序号	考核内容	考核要点	评分标准	配分	学生自测 20%	教师检测 80%	得分
1	焊前准备	劳保着装及工具准备齐全，并符合要求，参数设置、设备调试正确	工具及劳保着装不符合要求，参数设置、设备调试不正确一项扣 1 分	5			
2	焊接操作	定位及操作方法正确	定位不对及操作不准确任何一项不得分	10			

续表

序号	考核内容	考核要点	评分标准	配分	学生自测 20%	教师检测 80%	得分
3	焊缝外观	两面焊缝表面不允许有焊瘤、气孔、烧穿等缺陷	出现任何一种缺陷不得分	20			
		焊缝咬边深度≤0.5 mm,两侧咬边总长度不超过焊缝有效长度的15%	1.咬边深度≤0.5 mm (1)累计长度每5 mm扣1分 (2)累计长度超过焊缝有效长度15%不得分 2.咬边深度＞0.5 mm不得分	10			
		未焊透深度≤15% δ 且≤1.5 mm 总长度不超过焊缝有效长度的10%(氩弧焊打底的试件不允许未焊透)	1.未焊透深度≤15%δ且≤1.5 mm累计长度超过焊缝有效长度的10%不得分 2.未焊透深度超标不得分	10			
		背面凹坑深度≤25%δ且≤1 mm;除仰焊位置的板状试件不作规定外,总长度不超过有效长度的10%	1.背面凹坑深度≤25%δ且≤1 mm;背面凹坑长度每5 mm扣1分 2.背面凹坑深度＞1 mm时不得分	10			
		双面焊缝余高0~3 mm,焊缝宽度比坡口每侧增宽0.5~2.5 mm,宽度误差≤3 mm	每种尺寸超差一处扣2分,扣满10分为止	15			
		错边≤10%	超差不得分	5			
		焊后角变形误差≤3°	超差不得分	5			
4	其他	安全文明生产	设备、工具复位,试件、场地清理干净,有一处不符合要求扣1分	10			
合计				100			

3.钢管垂直固定单面焊双面成型

1)钢管尺寸及要求

①材料:Q235 钢(图2.34)。

②尺寸:φ108~114 mm,壁厚6 mm。

③坡口尺寸:60°V 形坡口,钝边 0.5~1 mm。

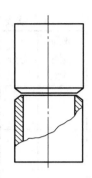

图2.34　Q235 钢

④焊接位置:横焊。

⑤焊接要求:单面焊双面成型。

⑥焊接材料:E4303。

⑦焊机:ZX7—250ST。

2)试件装配

①清除坡口面及两侧 20 mm 范围内的油、锈、水分及其他污物,直至露出金属光泽。

②装配:

a. 装配间隙为 3 mm。

b. 定位焊:沿圆周均分 2 ~3 个定位焊点,焊点长度为 10 ~15 mm,要求焊透并不得有焊接缺陷。

c. 错边量不大于 0.5 mm。

3)焊接参数

焊接工艺参数见表2.5。

表2.5　焊接工艺参数

焊接层次	焊条直径/mm	焊接电流/A
打底焊(1)	2.5	60 ~80
盖面层焊(2、3)	3.2	100 ~110

4)实训步骤

(1)坡口加工

(2)焊件装配及预留反变形量

(3)调整焊接间隙及定位焊

(4)打底焊

①打底层选用 ϕ2.5 mm 焊条,80 ~90 A 电流,采用灭弧法焊接焊条角度,焊条与钢管下侧之间的角度为 75°~80°,焊条与钢管切线焊接方向夹角为 70°~75°。

②填充层选用 ϕ3.2 mm 焊条,110 ~120 A 电流,填充层施焊前,应将打底层的熔渣和飞溅清理干净,打底层的接头处应修复平整。填充层的焊条与管壁下侧夹角度为 75°~80°,焊条与管子切线夹角 70°~75°。

③盖面层选用 ϕ3.2 mm 焊条,110 ~130 A 电流,应将前一层的熔渣和飞溅清理干净,施焊时的焊条角度、运条方法、接头方法与填充层相同,只是焊条水平摆动的幅度比填充层更宽。

5)操作要点及注意事项

(1)打底焊

可采用断弧焊手法,也可采用连弧焊手法。

焊条与钢管下侧的夹角为 75°~80°,与管子切线的焊接方向夹角为 70°~75°。引弧后,待坡口两侧熔化时,焊条向根部压送,熔化并击穿坡口根部,听到"噗噗"声,形成第一个熔孔,使钝边两侧熔化 0.5 ~1.0 mm。

焊接方向从左向右,采用斜椭圆运条,并始终保持短弧焊。

焊接过程中,防止熔池金属下坠,电弧在上坡口停留时间略长些,而在下坡口稍加停留,并且电弧在下坡口时,2/3 在管内燃烧,电弧带到上坡口时,1/3 电弧在管内燃烧。

当采用断弧焊时,必须逐点将铁水送到坡口根部,迅速向侧后方灭弧。灭弧与接弧时间间隔要短,灭弧动作要干净利落,不拉长弧,灭弧频率为 70 ~ 80 次/min 为宜。接弧位置要准确,每次接弧时焊条中心要对准熔池的 2/3 左右处,使新熔池覆盖前一个熔池 2/3 左右。

焊接时应保持熔池形状和大小基本一致,熔池铁水清晰明亮。

与定位焊缝接头:当运条到定位焊缝根部时,焊条要前顶一下,听到"噗噗"声后,稍加停留,填满弧坑收弧。

在完成一圈打底焊时,要注意收弧口与起弧处的衔接。

(2)盖面层焊

盖面层分上下两道进行焊接,焊前应将打底焊焊缝的熔渣及飞溅等清除干净,并修平局部上凸的接头焊缝。采用直线不摆动运条,自左向右。

第一条焊道,焊条与管子下侧夹角为 80°左右,并且 1/3 落在母材上,使下坡口边缘熔化 1 ~ 2 mm。第二条焊道,焊条与管子下侧夹角为 90°左右,并且 1/3 搭在第一条焊道上,2/3 落在母材上,使上坡口熔化 1 ~ 2 mm。

6)评分标准

钢管垂直固定单面焊双面成型评分标准见表 2.6。

表 2.6　钢管垂直固定单面焊双面成型评分标准

序号	考核内容	考核要点	评分标准	配分	学生自测 20%	教师检测 80%	得分
1	焊前准备	劳保着装及工具准备齐全,并符合要求,参数设置、设备调试正确	工具及劳保着装不符合要求,参数设置、设备调试不正确有一项扣 1 分	5			
2	焊接操作	定位及操作方法正确	定位不对及操作不准确任何一项不得分	10			
3	焊缝外观	两面焊缝表面不允许有焊瘤、气孔、烧穿等缺陷	出现任何一种缺陷不得分	20			
		焊缝咬边深度≤0.5 mm,两侧咬边总长度不超过焊缝有效长度的 15%	1. 咬边深度≤0.5 mm (1)累计长度每 5 mm 扣 1 分 (2)累计长度超过焊缝有效长度的 15% 不得分 2. 咬边深度 > 0.5 mm 不得分	10			
		未焊透深度 ≤ 15% δ 且 ≤ 1.5 mm 总长度不超过焊缝有效长度的 10%(氩弧焊打底的试件不允许未焊透)	1. 未焊透深度 ≤ 15% δ 且 ≤ 1.5 mm 累计长度超过焊缝有效长度的 10% 不得分 2. 未焊透深度超标不得分	10			

续表

序号	考核内容	考核要点	评分标准	配分	学生自测 20%	教师检测 80%	得分
3	焊缝外观	背面凹坑深度≤25%δ且≤1 mm;除仰焊位置的板状试件不作规定外,总长度不超过有效长度的10%	1.背面凹坑深度≤25%δ且≤1 mm;背面凹坑长度每5 mm扣1分 2.背面凹坑深度>1 mm时不得分	10			
		双面焊缝余高0~3 mm,焊缝宽度比坡口每侧增宽0.5~2.5 mm,宽度误差≤3 mm	每种尺寸超差一处扣2分,扣满10分为止	15			
		错边≤10%	超差不得分	5			
		焊后角变形误差≤3°	超差不得分	5			
4	其他	安全文明生产	设备、工具复位,试件、场地清理干净,有一处不符合要求扣1分	10			
	合计			100			

4.钢管水平固定单面焊双面成型

1)钢管尺寸及要求

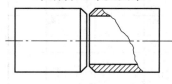

图2.35　Q235钢

①材料:Q235 钢(图2.35)。
②尺寸:φ108~114 mm,壁厚6 mm。
③坡口尺寸:60°V形坡口,钝边0.5~1 mm。
④焊接位置:全位置焊。
⑤焊接要求:单面焊双面成型。
⑥焊接材料:E4303。
⑦焊机:ZX7—250ST。

2)试件装配

①清除坡口面及两侧20 mm范围内的油、锈、水分及其他污物,直至露出金属光泽。

②装配:

a.装配间隙为2~3 mm。

b.定位焊:沿圆周均分3个定位焊点,焊点长度为10~15 mm,要求焊透并不得有焊接缺陷。

c.错边量不大于1 mm。

3)焊接参数

焊接工艺参数见表2.7。

表 2.7　焊接工艺参数

焊接层次	焊条直径/mm	焊接电流/A
打底焊(1)	2.5	60~80
填充焊及盖面层焊(2、3)	3.2	100~110

4)实训步骤

(1)引弧练习

首先,检查焊机是否有安全隐患,连接是否正确。

其次,通电开始引弧练习。

要点:焊条的装夹要领,在钢板 2 mm 范围的定点引弧,采用划擦法引弧。

(2)管状对接立焊练习

焊前准备:

①坡口加工。

②焊件装配及预留反变形量。

③调整焊接间隙及定位焊。

④打底焊。

5)操作要点及注意事项

(1)打底焊

可采用断弧焊手法,也可采用连弧焊手法。

将按要求组装好的试管水平固定于焊接架上,注意:时钟 6 点位置应无定位焊缝。

在时钟 6 点位置前约 8 mm 处引弧起焊,按逆时针方向焊接,至过时钟 12 点位置收弧,完成前半圈打底焊。再由前半圈起弧处开始起弧,按顺时针方向焊接后半圈,至前半圈收弧处重叠 5~10 mm。焊接时应注意引弧后,待坡口两侧熔化时,焊条向根部压送,熔化并击穿坡口根部,听到"噗噗"声,使钝边两侧熔化 0.5~1.0 mm。在整个焊接时也须遵照执行。

(2)填充焊

①清理和修整打底焊道氧化物及局部凸起的接头等。

②采用锯齿形或月牙形运条方法施焊时的焊条角度如图 2.36 所示。

③焊条摆动到坡口两侧时,稍作停顿,中间过渡稍快,以防焊缝与母材交界处产生夹角。焊接速度应均匀一致,应保持填充焊道平整。

④填充层高度以低于母材表面 1~1.5 mm 为宜,并不得熔化坡口棱边。

⑤中间接头更换焊条要迅速,应在弧坑上方 10 mm 处引弧,然后把焊条拉至弧坑处,填满弧坑,再按正常方法施焊,不得直接在弧坑处引弧焊接,以免产生气孔等缺陷。

⑥填充焊缝的封口和接头在前半圈收弧时,应对弧坑稍填一些铁水,以使弧坑成斜坡状(也可采用打磨两端使接头部位成斜坡状),并将起始端焊渣敲掉 10 mm,焊缝收口时要填满弧坑。

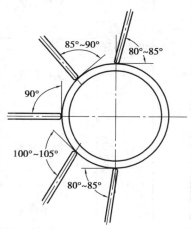

图 2.36　运条的焊条角度图

（3）盖面焊

盖面层的焊接运条方法、焊条角度与填充层焊接相同。不过焊条的摆动幅度应适当加大。在坡口两侧应稍作停留，并使两侧坡口棱边各熔化 1~2 mm，以免咬边。

盖面层的中间焊接应特别注意，当焊接位置偏下时，则使接头过高，当偏上时，则造成焊缝脱节。焊缝接头的方法同填充层。

6）评分标准

钢管水平固定单面焊双面成型评分标准见表2.8。

表 2.8　钢管水平固定单面焊双面成型评分标准

序号	考核内容	考核要点	评分标准	配分	学生自测20%	教师检测80%	得分
1	焊前准备	劳保着装及工具准备齐全，并符合要求，参数设置、设备调试正确	工具及劳保着装不符合要求，参数设置、设备调试不正确有一项扣1分	5			
2	焊接操作	定位及操作方法正确	定位不对及操作不准确任何一项不得分	10			
3	焊缝外观	咬边	1.深度≤0.5 mm，两侧总长≤36 mm时，每9 mm扣1分 2.深度>0.5 mm或两侧总长>36 mm时，扣10分	20			
		未焊透	1.深度≤1.5 mm，总长≤36 mm时，每9 mm扣1分 2.深度>1.5 mm或总长>36 mm时，扣10分	20			
		背面凹坑	1.深度≤1 mm，总长≤36 mm时，每9 mm扣1分 2.深度>1 mm或总长>36 mm时扣5分	10			
		表面气孔	1.气孔直径≤1 mm，总数≤4个时，每1个扣1分 2.气孔直径>1 mm或总数>4个时，扣5分	10			
		表面夹渣	1.深度≤1.2 mm，长度≤3.6 mm的夹渣，每1个扣1分 2.深度>1.2 mm或总长>3.6 mm时，扣5分	10			
		余高	1.余高≤3 mm时，不扣分 2.余高>3 mm时，扣5分	5			
		焊缝宽度差	1.宽度差≤2 mm时，不扣分 2.宽度差>2 mm时，扣5分	5			

续表

序号	考核内容	考核要点	评分标准	配分	学生自测 20%	教师检测 80%	得分
4	其他	错口	1. 错口量≤1.2 mm 时,不扣分 2. 错口量>1.2 mm 时,扣 5 分	5			
		合计		100			

2.1.5　模拟技能考题

1. 焊条电弧焊对低合金钢板的对接立焊

1)考件图样(图 2.37)

技术要求:

①单面焊双面成型。

②钝边高度 p、坡口间隙 b 自定,允许采用反变形。

③打底层焊缝表面允许打磨。

④名称:焊条电弧焊对低合金钢板的对接立焊。

⑤材料:Q345(16Mn)。

2)焊前准备

①设备:ZX5—400 弧焊整流器 1 台。

②焊条型号:E5015,直径为 3.2 mm。

③工具:钢丝刷、锤子、钢丝钳、常用锉刀、活扳手各 1 把,台虎钳、台式砂轮、角向磨光机各 1 台。

④考件尺寸:尺寸(厚×长×宽)为:12 mm ×300 mm × 100 mm,共 2 块。

⑤考件要求:考件两端不得安装引弧板和引出板,焊前仔细清除待焊处油、污、锈、垢,焊后仔细清除焊缝焊渣,并保持焊缝原始状态。

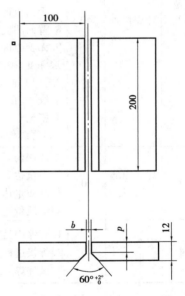

图 2.37　焊条电弧焊对低合金钢板的对接立焊

3)考核内容

①考核要求。

a. 焊前准备:考核考件清理程度(坡口两侧 10 ~ 20 mm 范围内的油、污、锈、垢)、定位焊正确与否(定位焊缝长度≥20 mm)、焊接参数选择正确与否。

b. 焊缝外观质量:考核焊缝余高、余高差、焊缝宽度差、直线度、角变形、错边、咬边、背面凹坑深度等。

c. 焊缝内部质量:射线探伤后,按《承压设备无损检测》(JB/T 4730—2005)标准要求检查焊缝内部质量。

②时间定额准备时间为 30 min,正式焊接时间为 60 min(焊接时间每超过 5 min 扣 1 分,不足 5 min 也扣 1 分,超过 10 min 此次考试无效)。

③安全文明生产考核现场劳保用品穿戴情况,焊接过程是否正确执行安全操作规程,焊接完毕,操作现场是否清理干净,工具、焊件是否摆放整齐。

4)配分、评分标准

焊条电弧焊对低合金钢板对接立焊评分标准见表2.9。

表2.9　焊条电弧焊对低合金钢板对接立焊的评分标准

序号	考核要求	配分	评分标准	扣分	得分
1	焊前准备	10	1.焊件清理不干净,定位焊不正确扣1~5分 2.焊接参数调整不正确扣1~5分		
2	外观检查	40	1.焊缝余高满分4分,<0或>4 mm为0分,1~2 mm得4分 2.焊缝余高差满分4分,>2 mm扣4分 3.焊缝宽度差满分4分,>3 mm扣4分 4.背面焊缝余高满分4分,>3 mm扣4分 5.焊缝直线度满分4分,>2 mm扣4分 6.角变形满分4分,>3°扣4分 7.无错边得4分,>1.2 mm扣4分 8.背面凹坑深度满分4分,>1.2 mm或长度>26 mm扣4分 9.无咬边得8分,咬边≤0.5 mm或累计长度每5 mm扣1分,咬边深度>0.5 mm或累计长度>26 mm扣8分 注:(1)焊缝表面不是原始状态,有加工、补焊、返修的现象,或有裂纹、气孔、夹渣、未焊透、未熔合等任何缺陷存在,此项考试按不合格论 (2)焊缝外观质量得分低于24分,此项考试按不合格论		
3	焊缝内部质量	40	射线探伤后,按《承压设备无损检测》(JB/T 430—2005)评定,焊缝质量达到Ⅰ级扣0分 焊缝质量达到Ⅱ级扣10分 焊缝质量达到Ⅲ级,此项考试按不合格论		
4	安全文明生产	10	1.劳保用品穿戴不全,扣2分 2.焊接过程中有违反安全操作规程现象,视情节扣2~5分 3.试件焊完后,现场清理不干净、工具码放不整齐扣3分		

2.焊条电弧焊对低合金钢板的对接横焊

1)考件图样(图2.38)

技术要求:

①单面焊双面成型。

②钝边高度 p、坡口间隙 b 自定,允许采用反变形。

③打底层焊缝表面允许打磨。

名称:焊条电弧焊对低合金钢板的对接横焊。

材料:Q345(16Mn)。

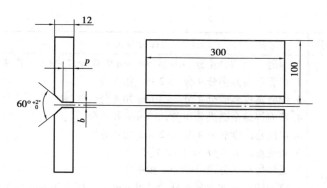

图 2.38　焊条电弧焊对低合金钢的对接横焊

2）焊前准备

①设备：ZX5—400 弧焊整流器 1 台。

②焊条型号：E5015，直径为 3.2 mm。

③工具：钢丝刷、锤子、钢丝钳、常用锉刀、活扳手各 1 把，台虎钳、台式砂轮、角向磨光机各 1 台。

④考件尺寸：尺寸（厚×长×宽）为：12 mm×300 mm×100 mm，共 2 块。

⑤考件要求：考件两端不得安装引弧板和引出板，焊前仔细清除待焊处油、污、锈、垢，焊后仔细清除焊缝焊渣，并保持焊缝原始状态。

3）考核内容

①考核要求。

a. 焊前准备：考核考件清理程度（坡口两侧 10～20 mm 范围内的油、污、锈、垢）、定位焊正确与否（定位焊缝长度≥20 mm）、焊接参数选择正确与否。

b. 焊缝外观质量：考核焊缝余高、余高差、焊缝宽度差、直线度、角变形、错边、咬边和背面凹坑深度等。

c. 焊缝内部质量：射线探伤后，按《承压设备无损检测》（JB/T 4730—2005）标准要求检查焊缝内部质量。

②时间定额准备时间为 30 min，正式焊接时间为 60 min（焊接时间每超过 5 min 扣 1 分，不足 5 min 也扣 1 分，超过 10 min 此次考试无效）。

③安全文明生产考核现场劳保用品穿戴情况，焊接过程是否正确执行安全操作规程、焊接完毕，操作现场是否清理干净，工具、焊件是否摆放整齐。

4）配分、评分标准

焊条电弧焊对低合金钢板的对接横焊评分标准见表 2.10。

表 2.10　焊条电弧焊对低合金钢板的对接横焊评分标准

序号	考核要求	配分	评分标准	扣分	得分
1	焊前准备	10	1. 焊件清理不干净，定位焊不正确扣 1～5 分 2. 焊接参数调整不正确扣 1～5 分		

续表

序号	考核要求	配分	评分标准	扣分	得分
2	外观检查	40	1. 焊缝余高满分4分,<0或>4 mm为0分,1~2 mm得4分 2. 焊缝余高差满分4分,>2 mm扣4分 3. 焊缝宽度差满分4分,>3 mm扣4分 4. 背面焊缝余高满分4分,>3 mm扣4分 5. 焊缝直线度满分4分,>2 mm扣4分 6. 角变形满分4分,>3°扣4分 7. 无错边得4分,>1.2 mm扣4分 8. 背面凹坑深度满分4分,>1.2 mm或长度>26 mm扣4分 9. 无咬边得8分,咬边≤0.5 mm或累计长度每5 mm扣1分,咬边深度>0.5 mm或累计长度>26 mm扣8分 注:(1)焊缝表面不是原始状态,有加工、补焊、返修的现象,或有裂纹、气孔、夹渣、未焊透、未熔合等任何缺陷存在,此项考试按不合格论 (2)焊缝外观质量得分低于24分,此项考试按不合格论		
3	焊缝内部质量	40	射线探伤后,按《承压设备无损检测》(JB/T 4730—2005)评定,焊缝质量达到Ⅰ级扣0分 焊缝质量达到Ⅱ级扣10分 焊缝质量达到Ⅲ级,此项考试按不合格论		
4	安全文明生产	10	1. 劳保用品穿戴不全,扣2分 2. 焊接过程中有违反安全操作规程现象,视情节扣2~5分 3. 试件焊完后,现场清理不干净、工具码放不整齐扣3分		

3. 钢管水平固定对接焊条电弧焊

1)考件图样(图2.39)

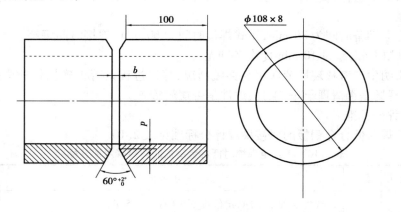

图2.39　20钢管水平固定对接焊条电弧焊

技术要求:

①单面焊双面成型。

②钝边高度 p、坡口间隙 b 自定,允许采用反变形。

③打底层焊缝表面允许打磨。

名称:20 钢管水平固定对接焊条电弧焊。

材料:20 钢管。

2)焊前准备

①设备:ZX5—400 弧焊整流器 1 台。

②焊条型号:E5015,直径为 3.2 mm。

③工具:钢丝刷、锤子、钢丝钳、常用锉刀、活扳手各 1 把,台虎钳、台式砂轮、角向磨光机各 1 台。

④考件尺寸:尺寸(厚×长×宽)为 108 mm×8 mm×100 mm,共 2 节。

⑤考件要求:考件两端不得安装引弧板和引出板,焊前仔细清除待焊处油、污、锈、垢,焊后仔细清除焊缝焊渣,并保持焊缝原始状态。

3)考核内容

①考核要求。

a. 焊前准备:考核考件清理程度(坡口两侧 10 ~ 20 mm 范围内的油、污、锈、垢)、定位焊正确与否(焊点长度≥20 mm)、焊接参数选择正确与否。

b. 焊缝外观质量:考核焊缝余高、余高差、焊缝宽度差、直线度、咬边和背面凹坑深度等。

c. 焊缝内部质量:射线探伤后,按《承压设备无损检测》(JB/T 4730—2005)标准要求检查焊缝内部质量。

②时间定额准备时间为 30 min,正式焊接时间为 60 min(焊接时间每超过 5 min 扣 1 分,不足 5 min 也扣 1 分,超过 10 min 此次考试无效)。

③安全文明生产考核现场劳保用品穿戴情况、焊接过程是否正确执行安全操作规程、焊接完毕,操作现场是否清理干净,工具、焊件是否摆放整齐。

4)配分、评分标准

20 钢管水平固定对接焊条电弧焊评分标准见表 2.11。

表 2.11　20 钢管水平固定对接焊条电弧焊的评分标准

序号	考核要求	配分	评分标准	扣分	得分
1	焊前准备	10	1. 焊件清理不干净,定位焊不正确扣 1 ~ 5 分 2. 焊接参数调整不正确扣 1 ~ 5 分		
2	外观检查	40	1. 焊缝余高满分 4 分,<0 或 >4 mm 为 0 分,1 ~ 2 mm 得 4 分 2. 焊缝余高差满分 4 分,>2 mm 扣 4 分 3. 焊缝宽度差满分 4 分,>3 mm 扣 4 分 4. 背面焊缝余高满分 4 分,>3 mm 扣 4 分 5. 焊缝直线度满分 4 分,>2 mm 扣 4 分 6. 背面凹坑深度≤1.2 mm,累计长度每 5 mm 扣 1 分;>1.2 mm 扣 0 分 7. 无咬边 或累计长度每 5 mm 扣 1 分,咬边深度 >34 mm 扣 10 分 注:(1)焊缝 状态,有加工、补焊、返修的现象,或有裂纹、气孔、夹 透、未熔合等任何缺陷存在,此项考试按不合格论 (2)焊缝外观质量得分低于 24 分,此项考试按不合格论		

续表

序号	考核要求	配分	评分标准	扣分	得分
3	焊缝内部质量	40	射线探伤后,按《承压设备无损检测》(JB/T 4730—2005)评定,焊缝质量达到Ⅰ级扣0分 焊缝质量达到Ⅱ级扣10分 焊缝质量达到Ⅲ级,此项考试按不合格论		
4	安全文明生产	10	1. 劳保用品穿戴不全,扣2分 2. 焊接过程中有违反安全操作规程现象,视情节扣2~5分 3. 试件焊完后,现场清理不干净、工具码放不整齐扣3分		

技能 2.2　CO_2 气体保护焊

2.2.1　技能目标

①掌握 CO_2 气体保护焊设备及用具使用方法。

②掌握 CO_2 气体保护焊的点燃、调节、保持和熄灭方法。

③掌握低碳钢普通低合金钢 CO_2 气体保护焊的基本操作技能。

2.2.2　所需场地、防护具、工具及设备

①设备及场地准备：焊接实训室、CO_2 气体保护焊机。

②工量具准备：焊接钢板、焊条、风帽、安全帽、护目镜、焊接工作服、焊接手套、焊接围裙、焊接护腿等。

2.2.3　相关技能知识

1. 概念及原理

CO_2 气体保护焊是利用 CO_2 气体作为保护气体的一种熔化电极的气体保护焊的焊接方法，熔化电极（焊丝）通过送丝滚轮不停地送进与工件之间产生电弧，在电弧热的作用下，熔化焊丝和工件形成熔池，随着焊枪的移动，熔池凝固形成焊缝。

2. CO_2 气体保护焊的主要特点

（1）CO_2 气体保护焊的优点

①焊接速度快。由于 CO_2 气体保护焊的焊丝熔化速度比手工电弧焊的熔化速度快，因此焊接速度比手工电弧焊速度要快。

②引弧性能好，引弧效率高。CO_2 气体保护焊的焊丝被绕成线圈状，可连续焊接，提高了引弧效率，不再需要清除焊渣，焊接过程中电弧不中断，可连续焊接，接点小，提高了焊接速度。

③熔深大。CO_2 气体保护焊的熔深大约是手工电弧焊的 3 倍，由于熔深的增加，焊缝的强度提高，而坡口的加工量减少。

④熔敷效率高。

⑤焊接变形小。由于电弧热量集中，CO_2 气体有冷却作用，而且受热面积小，所以焊件变形小。特别是对于薄板的焊接更为突出。

⑥应用范围广。CO_2 气体保护焊用一种焊丝可进行各种位置的焊接。适合于低碳钢、高强度钢及普通铸铁等多种材料焊接。

⑦操作方便。CO_2 气体保护焊很强操作要领简单，学习时间是手弧焊的 1/3 到 1/2。

（2）CO_2 气体保护焊的不足

①使用大电流焊接时飞溅多，很难用交流电源焊接，以及在有风的地方焊接，不能焊接容易氧化的有色金属材料。

②CO_2 气体所有采用的材料是 CO_2 气体和焊丝。

3. CO_2 气体保护焊的设备

①CO_2 气体保护焊的设备通常有两大类:一类是自动 CO_2 气体保护焊,另一类是半自动 CO_2 气体保护焊,前者常用粗焊丝焊接(焊丝直径≥1.6 mm),后者主要用于细焊丝焊接(焊丝直径 <1.2 mm 的焊接),在生产中大量采用细丝 CO_2 气体保护焊。

②半自动 CO_2 气体保护焊的构成。通常用的 CO_2 气体保护焊的设备主要有焊接电源、焊枪、送丝机构、CO_2 气体供气装置、减压调节器等。

③电源要求:只能使用直流电源,它一般是专用电源。

CO_2 气体保护焊若使用交流电源焊接时,电弧不稳定,飞溅严重,因此只能使用直流电源,一般是抽头式硅整流的电源。而且要求焊接电源具有平特的外特性,这是因为 CO_2 气体保护焊的电流密度大,加之 CO_2 气体对电弧有较强的冷却作用,所以电弧静特性曲线是上升的,在等速送丝的条件下,平特性电源的电弧自动调节灵敏度较高。

④送丝方法有推丝式、拉丝式、推拉式三种。

4. 焊接工艺参数

①焊丝直径。一般分为细丝、粗丝。焊接薄板或中、厚板的立焊、横焊、仰焊时,多采用细丝焊。在平焊位置焊接中、厚板时,可以采用粗丝焊(直径≥1.6 mm)。常用 0.8 ~ 1.2 mm 的焊丝。

②焊接电流。根据工件的厚度、焊丝直径、施焊位置以及熔滴过渡形式来选择。

③电弧电压。电弧电压和焊接电流成正比关系。一般来说,短路过渡时,电弧电压 16 ~ 24 V,粗滴过渡时,电弧电压 25 ~ 40 V。

④焊接速度。一般半自动焊时焊接速度在 15 ~ 40 m/h,自动焊时不能超过 90 m/h。

⑤焊丝伸出长度(焊丝伸出长度取决于焊丝的直径,均以焊丝直径的 10 倍为宜)一般是 5 ~ 15 mm。

⑥气体流量一般为焊丝直径的 10 倍。

⑦电源极性,CO_2 气体保护焊必须使用直流电源,并且多采用直流反接。

5. 操作方法

(1)引弧

短路引弧。

(2)收弧

断续收弧。

(3)CO_2 气体保护焊的摆动方法

为获得较宽的焊缝,采用横向摆动送丝方法,根据 CO_2 气体保护焊的焊接特点,其摆动方式主要有直线形、八字形、锯齿形、月牙形、正三角形、斜圆圈形 6 种。

2.2.4 技能训练

1. 低碳钢 V 形坡口对接平焊

1)焊件尺寸及要求

低碳钢 V 形坡口焊件尺寸及要求如图 2.40 所示。

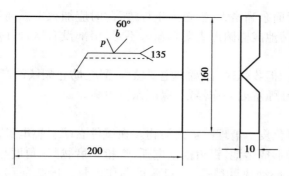

技术要求：
①焊接方法：CO_2 气体保护焊
②接头形式：对接接头
③坡口形式：V形坡口
④焊接位置：水平位置
⑤材质：Q235，板厚10 mm

图 2.40　低碳钢 V 形坡口

2）焊接工艺分析

Q235 钢属于普通低碳钢，影响淬硬倾向的元素含量较少，根据碳当量估算，裂纹倾向不明显，焊接性良好，无须采取特殊工艺措施。试件厚度 10 mm，开坡口，焊接时采用直流反接左焊法，母材间距不宜太大，一般为 2～3 mm，定位焊点 10 mm 左右，需做反变形 3°～4°。

3）焊接参数

焊接工艺参数见表 2.12。

表 2.12　焊接参数

焊接层次	焊丝直径/mm	电流/A	电压/V	CO_2 纯度/%	气体流量 /($L \cdot min^{-1}$)	焊丝伸出长度/mm
1	1.2	90～110	18～20	>99.5	15	12
2	1.2	220～240	24～26	>99.5	15	12
3	1.2	200～220	22～24	>99.5	15	12

4）实训步骤

（1）装配与定位焊

焊接操作中装配与定位焊很重要，为了保证既焊透又不烧穿，必须留有合适的对接间隙和合理的钝边。根据试件板厚和焊丝直径大小，确定钝边 $p = 0～0.5$ mm，间隙 $b = 3～4$ mm（始端 3 终端 4），反变形为 3°～4°，错边量≤0.5 mm。点固焊时，在试件两端坡口内侧点固，焊点长度 10～15 mm，高度 5～6 mm，以保证固定点强度，抵抗焊接变形时的收缩。

点焊前，戴好头盔面罩，左手握焊帽，右手握焊枪，焊枪喷嘴接触试件端部坡口处，按动引弧按钮引燃电弧，待熔池熔化坡口两侧约 1 mm 时向前进行施焊，施焊过程中注意观察熔池状态电弧是否击穿熔孔。

（2）打底焊

将点固好的焊件水平固定在焊接工作台上，采用左向焊法，在试件右端固定点引弧，焊枪与焊缝横向垂直，与焊缝方向成 75°～80°角。电弧长度为 2～3 mm，待形成熔池后开始焊接，焊至固定点末端电弧稍作停顿，击穿根部打开熔孔，使坡口两侧各熔化 0.5～1 mm。正常焊接时，摆动幅度、前移尺寸大小要均匀，电弧的 2/3 在正面熔池，电弧的 1/3 通过间隙在坡口背面，用来击穿熔孔，保护背面熔池。焊接过程中，注意观察并控制熔孔大小保持一致在 0.5～1 mm。正常形状为半圆形，当发现熔池颜色变白亮时，其形状变为桃形或心形，说明熔池中部温度过高,铁水开始下坠,背面余高增大,甚至产生焊瘤,此时应加大电弧前移步伐,加快焊接速度,以降低熔池温度。若熔池成椭圆形表明热输入不足,根部没有熔合,应减小电弧前移步伐,放慢焊接速度。

接头,比较容易与起焊时相同。但收弧时,注意一定要填满弧坑,防止裂纹的产生。

收尾时,可采用反复灭弧法或在弧坑处多作停留,保证弧坑填满。

(3)填充焊

用钢丝刷清理去除底层焊缝氧化皮。清理喷嘴内污物。在试件右端引燃电弧,调整电弧长度并稍作停顿,预热试件端部,待形成熔池,锯齿摆动电弧,焊枪角度、焊丝角度与打底层基本相同,电弧比打底层摆动幅度大,摆动速度稍慢,坡口两边稍作停顿。电弧前移步伐大小,以焊缝厚度为准,1/2 ~ 2/3 熔池大小。观察熔池长大情况,距棱边高 1 ~ 1.5 mm 为宜,决定电弧前移步伐和焊丝填加频率大小,以不破坏坡口棱边为好,为盖面层留作参考基准。接头时,在弧坑前方 5 mm 处引燃电弧,回移电弧预热弧坑,当重新熔化弧坑并形成熔池时转入正常焊接。

(4)盖面焊

与填充层相同,电弧在坡口两边停顿时间稍长,电弧熔入棱边 1 ~ 1.5 mm,焊缝要饱满,避免咬边缺陷。焊缝余高约 2 mm。

(5)试件与现场清理

练习结束后,首先关闭 CO_2 瓶阀门,然后关闭焊接电源。将焊好的试件用钢丝刷反复拉刷焊道(图 2.41),除去焊缝氧化层。注意不得破坏试件原始表面,不得用水冷却。清扫场地,摆放工件,整理焊接电缆,确认无安全隐患,并做好交班记录。

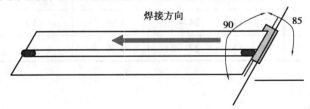

图 2.41 钢丝刷拉刷焊道方法

5)焊缝检查

①焊缝表面不得有气孔、裂纹、夹渣、未熔合等缺陷。

②焊缝正面宽度 17 ~ 20 mm,余高小于 3 mm,背面宽度 5 ~ 7 mm,余高小于 2.5 mm。

③焊缝表面波纹均匀,与母材圆滑过渡。

6)评分标准

低碳钢 V 形坡口对接平焊评分标准见表 2.13。

表 2.13 低碳钢 V 形坡口对接平焊评分标准

检查项目	标准、分数	焊缝等级				实际得分
		Ⅰ	Ⅱ	Ⅲ	Ⅳ	
焊缝余高	标准/mm	0 ~ 1	>1, ≤2	>2, ≤3	>3, <0	
	分　数	5	3	2	0	

续表

检查项目	标准、分数	焊缝等级				实际得分
		I	II	III	IV	
焊缝高低差	标准/mm	≤1	>1,≤2	>2,≤3	>3	
	分 数	4	3	1	0	
焊缝宽度	标准/mm	>16,≤20	>20,≤21	>21,≤22	≤16,>22	
	分 数	3	2	1	0	
焊缝宽窄差	标准/mm	≤1.5	>1.5,≤2	>2,≤3	>3	
	分 数	4	2	1	0	
气孔	标准/mm	0	气孔≤φ1.5 数目:1个	气孔≤φ1.5 数目:2个	气孔>φ1.5 或数目>2个	
	分 数	5	3	2	0	
咬边	标准/mm	0	深度≤0.5 且长度≤15	深度≤0.5 长度>15,≤30	深度>0.5 或长度>30	
	分 数	6	4	2	0	
未焊透	标准/mm	0	深度≤0.5 且长度≤15	深度≤0.5 长度>15,≤30	深度>0.5 或长度>30	
	分 数	4	2	1	0	
背面焊缝凹陷	标准/mm	0	深度≤0.5 且长度≤15	深度≤0.5 长度>15,≤30	深度>0.5 或长度>30	
	分 数	4	2	1	0	
错边量	标准/mm	0	≤0.7	>0.7,≤1.2	>1.2	
	分 数	3	2	1	0	
角变形	标准/mm	0~1	≥1,≤3	>3,≤5	>5	
	分 数	3	2	1	0	
焊缝正面外表成形		优	良	一般	差	
	标准/mm	成形美观,焊纹均匀细密,高低宽窄一致	成形较好,焊纹均匀,焊缝平整	成形尚可,焊缝平直	焊缝弯曲,高低宽窄明显,有表面焊接缺陷	
	分 数	4	2	1		
电弧擦伤	标准	无	有			
	分 数	5	0			

2. 低碳钢 V 形坡口对接立焊

1）焊件尺寸及要求

低碳钢 V 形坡口对接立焊焊件尺寸及要求如图 2.42 所示。

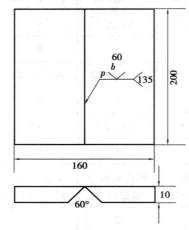

技术要求：
①焊接方法：CO_2 气体保护焊
②接头形式：对接接头
③坡口形式：V形坡口
④焊接位置：立位置
⑤材质：Q235，板厚 10 mm
⑥焊后角变形小于 2°

图 2.42　低碳钢 V 形坡口对接立焊

2）工艺分析

Q235 钢属于普通低碳钢，影响淬硬倾向的元素含量较少，根据碳当量估算，裂纹倾向不明显，焊接性良好，无须采取特殊工艺措施。试件厚度 10 mm，开坡口，焊接时采用直流反接左焊法，母材间距不宜太大，一般为 2 ~ 3 mm，定位焊点 10 mm 左右，需做反变形 3° ~ 4°。

3）焊接参数

焊接工艺参数见表 2.14。

表 2.14　焊接参数

焊接层次	焊丝直径/mm	电流/A	电压/V	CO_2 纯度/%	气体流量/$(L \cdot min^{-1})$	焊丝伸出长度/mm
1	1.2	110 ~ 120	18 ~ 20	>99.5	15	12
2	1.2	130 ~ 150	20 ~ 22	>99.5	15	12
3	1.2	120 ~ 130	19 ~ 21	>99.5	15	12

4）实训步骤

（1）装配与定位焊

焊接操作中装配与定位焊很重要，为了保证既焊透又不烧穿，必须留有合适的对接间隙和合理的钝边。根据试件板厚和焊丝直径大小，确定钝边 $p = 0 ~ 0.5$ mm，间隙 $b = 3 ~ 4$ mm（始端 3 终端 4），反变形为 3° ~ 4°，错边量 ≤0.5 mm。点固焊时，在试件两端坡口内侧点固，焊点长度 10 ~ 15 mm，高度 5 ~ 6 mm，以保证固定点强度，抵抗焊接变形时的收缩。

点焊前，戴好头盔面罩，左手握焊帽，右手握焊枪，焊枪喷嘴接触试件端部坡口处，按动引弧按钮引燃电弧，待熔池熔化坡口两侧约 1 mm 时向前进行施焊，施焊过程中注意观察熔池状态电弧是否击穿熔孔。

（2）打底焊

将点固好的焊件固定在焊接工作台上，使其处于垂直状态，采用小锯齿摆动焊法，在试件低端固定点引弧,焊枪与焊缝横向垂直,与焊缝方向成 75°～80°角,电弧长度为 2～3 mm,带形成熔池后开始焊接,焊至固定点末端电弧稍作停顿,击穿根部打开熔孔,使坡口两侧各熔化 0.5～1 mm。正常焊接时,摆动幅度、前移尺寸大小要均匀,电弧的 2/3 在正面熔池,电弧的 1/3 通过间隙在坡口背面,用来击穿熔孔,保护背面熔池。焊接过程中,电弧在坡口两侧适当停顿,注意观察并控制熔孔大小保持一致在 0.5～1 mm。正常形状为半圆形,当发现熔池颜色变白亮时,其形状变为桃形或心形,说明熔池中部温度过高,铁水开始下坠,背面余高增大,甚至产生焊瘤,此时应加大电弧前移步伐,加快焊接速度,以降低熔池温度。若熔池成椭圆形表明热输入不足,根部没有熔合,应减小电弧前移步伐,放慢焊接速度。

接头,比较容易与起焊时相同。但收弧时,注意一定要填满弧坑,防止裂纹的产生。

收尾时,可采用反复灭弧法或在弧坑处多作停留,保证弧坑填满。

(3)填充焊

用钢丝刷清理去除底层焊缝氧化皮。清理喷嘴内污物。在试件右端引燃电弧,调整电弧长度并稍作停顿,预热试件端部,待形成熔池,锯齿摆动电弧,焊枪角度、焊丝角度与打底层基本相同,电弧比打底层摆动幅度大,摆动速度稍慢,坡口两边稍作停顿。电弧前移步伐大小,以焊缝厚度为准,1/2～2/3 熔池大小。观察熔池长大情况,距棱边高 1～1.5 mm 为宜,决定电弧前移步伐和焊丝填加频率大小,以不破坏坡口棱边为好,为盖面层留作参考基准。接头时,在弧坑前方 5 mm 处引燃电弧,回移电弧预热弧坑,当重新熔化弧坑并形成熔池时转入正常焊接。

(4)盖面焊

与填充层相同,电弧在坡口两边停顿时间稍长,电弧熔入棱边 1～1.5 mm,焊缝要饱满,避免咬边缺陷。焊缝余高约 2 mm。

(5)试件与现场清理

练习结束后,首先关闭 CO_2 瓶阀门,然后关闭焊接电源。将焊好的试件用钢丝刷反复拉刷焊道(图 2.43),除去焊缝氧化层。注意不得破坏试件原始表面,不得用水冷却。清扫场地,摆放工件,整理焊接电缆,确认无安全隐患,并做好交班记录。

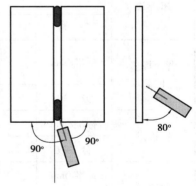

图 2.43　试件

5)焊缝检查

①焊缝表面不得有气孔、裂纹、夹渣、未熔合等缺陷。

②焊缝正面宽度 17～20 mm,余高小于 3 mm,背面宽度 5～7 mm,余高小于 2.5 mm。

③焊缝表面波纹均匀,与母材圆滑过渡。

6)评分标准

低碳钢 V 形坡口对接立焊评分标准见表 2.15。

表 2.15　低碳钢 V 形坡口对接立焊评分标准

检查项目	标准、分数	焊缝等级				实际得分
		Ⅰ	Ⅱ	Ⅲ	Ⅳ	
焊缝余高	标准/mm	0～1	>1,≤2	>2,≤3	>3,<0	
	分　数	5	3	2	0	

续表

| 检查项目 | 标准、分数 | 焊缝等级 | | | | 实际得分 |
		I	II	III	IV	
焊缝高低差	标准/mm	≤1	>1，≤2	>2，≤3	>3	
	分　数	4	3	1	0	
焊缝宽度	标准/mm	>16，≤20	>20，≤21	>21，≤22	≤16，>22	
	分　数	3	2	1	0	
焊缝宽窄差	标准/mm	≤1.5	>1.5，≤2	>2，≤3	>3	
	分　数	4	2	1	0	
气孔	标准/mm	0	气孔≤φ1.5 数目:1 个	气孔≤φ1.5 数目:2 个	气孔>φ1.5 或数目>2 个	
	分　数	5	3	2	0	
咬边	标准/mm	0	深度≤0.5 且长度≤15	深度≤0.5 长度>15，≤30	深度>0.5 或长度>30	
	分　数	6	4	2	0	
未焊透	标准/mm	0	深度≤0.5 且长度≤15	深度≤0.5 长度>15，≤30	深度>0.5 或长度>30	
	分　数	4	2	1	0	
背面焊缝凹陷	标准/mm	0	深度≤0.5 且长度≤15	深度≤0.5 长度>15，≤30	深度>0.5 或长度>30	
	分　数	4	2	1	0	
错边量	标准/mm	0	≤0.7	>0.7，≤1.2	>1.2	
	分　数	3	2	1	0	
角变形	标准/mm	0~1	≥1，≤3	>3，≤5	>5	
	分　数	3	2	1	0	
焊缝正面外表成形	标准/mm	优 成形美观，焊纹均匀细密，高低宽窄一致	良 成形较好，焊纹均匀，焊缝平整	一般 成形尚可，焊缝平直	差 焊缝弯曲，高低宽窄明显，有表面焊接缺陷	
	分　数	4	2	1	0	
电弧擦伤	标准	无	有			
	分　数	5	0			

3.低碳钢 V 形坡口对接横焊

1）焊件尺寸及要求

低碳钢 V 形坡口对接横焊焊件尺寸及要求如图 2.44 所示。

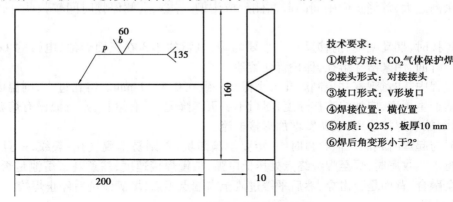

技术要求：
①焊接方法：CO_2气体保护焊
②接头形式：对接接头
③坡口形式：V形坡口
④焊接位置：横位置
⑤材质：Q235，板厚10 mm
⑥焊后角变形小于2°

图 2.44　低碳钢 V 形坡口对接横焊

2）工艺分析

Q235 钢属于普通低碳钢，影响淬硬倾向的元素含量较少，根据碳当量估算，裂纹倾向不明显，焊接性良好，无须采取特殊工艺措施。试件厚度 10 mm，开坡口，焊接时采用直流反接左焊法，母材间距不宜太大，一般为 2～3 mm，定位焊点 10 mm 左右，需做反变形5°～6°。

3）焊接参数

焊接工艺参数见表 2.16。

表 2.16　焊接参数

焊接层次	焊丝直径/mm	电流/A	电压/V	CO_2 纯度/%	气体流量/$(L \cdot min^{-1})$	焊丝伸出长度/mm
1	1.2	100～110	20～22	>99.5	15	12
2	1.2	130～140	23～24	>99.5	15	12
3	1.2	120～130	22～23	>99.5	15	12

4）实训步骤

（1）装配与定位焊

焊接操作中装配与定位焊很重要，为了保证既焊透又不烧穿，必须留有合适的对接间隙和合理的钝边。根据试件板厚和焊丝直径大小，确定钝边 $p = 0～0.5$ mm，间隙 $b = 3～4$ mm（始端 3 终端 4），反变形为 5°～6°，错边量≤0.5 mm。点固焊时，在试件两端坡口内侧点固，焊点长度 10～15 mm，高度 5～6 mm，以保证固定点强度，抵抗焊接变形时的收缩。

点焊前，戴好头盔面罩，左手握焊帽，右手握焊枪，焊枪喷嘴接触试件端部坡口处，按动引弧按钮引燃电弧，待熔池熔化坡口两侧约 1 mm 时向前进行施焊，施焊过程中注意观察熔池状态电弧是否击穿熔孔。

（2）打底焊

采用左向焊法，在试件右端固定点引弧，喷嘴工作角 80°～90°，前进角 75°～80°，电弧长度为 2～3 mm，待固定点形成熔池后小锯齿摆动焊枪向左移动，至固定点末端电弧稍作停顿，击穿根部打开熔孔,使坡口上侧熔化 1 mm,稍作停顿后焊枪向左下侧摆动,坡口下侧熔化 0.5 mm,电弧在坡口下侧稍作停顿,使其熔合良好,电弧再向右上侧摆动,如此反复形成焊缝。电弧再上下两侧停顿,使焊缝和坡口两侧良好熔合,避免因焊缝中间温度过高熔池下坠,造成背面焊缝余高过大,焊缝正面中间凸起两侧形成沟槽。注意上侧停顿时间较长些,劝止铁水下流。

正常焊接时,摆动幅度、前移尺寸大小要均匀,电弧的 2/3 在正面熔池,电弧的 1/3 通过间隙在坡口背面,用来击穿熔孔,保护背面熔池。

焊接过程中,注意观察并控制熔孔大小保持一致在 0.5 ~ 1 mm。熔孔过大,则温度过高,正面或背面产生焊瘤,应加快焊接速度,尽量不要灭弧降温;没有熔孔,则背面没有熔合,应减缓前进步伐,放慢焊接速度,或调整增加焊接电流。

接头时与起焊时相同。但收弧时,一定要填满弧坑,否则易出现气孔、裂纹,一旦出现必须打磨掉再焊。收尾时,焊至焊缝终点处压低电弧、放慢焊接速度,注意观察熔池是否与末端点固点完全融合,背面是否击穿,然后平缓过渡至末端点固点,填满弧坑后停止焊接。

(3)填充焊

填充层为一层 3 道。用钢丝刷清理去除底层焊缝氧化皮,清理喷嘴内污物。

第 1 道,在试件右端引燃电弧,调整电弧长度并稍作停顿,预热试件端部,待形成熔池,开始焊接,焊枪角度与打底层基本相同,焊接速度稍慢,坡口下侧稍作停顿。电弧前移步伐大小,以焊缝厚度为准,1/2 ~ 2/3 熔池大小。观察熔池长大情况,距棱边高 1 ~ 1.5 mm 为宜,以不破坏坡口棱边为好,为盖面层留作参考基准。

第 2 道,熔合第 1 道与前一层焊趾,焊枪对准第 1 道上焊趾,焊枪工作角 70° ~ 80°,前进角 75° ~ 85°,熔池覆盖第 1 道 1/3 ~ 1/2。

第 3 道,引燃电弧后熔合第 3 道和上坡口内侧焊枪对准前层上焊趾枪嘴工作角 70° ~ 75°,前进角 70° ~ 75°,熔池熔合第 2 道焊缝 1/3 ~ 1/2,并熔合上侧坡口壁。注意避免咬边缺陷。焊接过程注意观测熔池长大情况,保证焊缝与坡口内侧熔合良好,焊缝厚度距离坡口面 0.5 ~ 1 mm 为宜。

(4)盖面焊

盖面焊为一层 4 道,采用直推法小电流焊接。用钢丝刷清理去填充层焊缝氧化皮,清理喷嘴内污物。

第 1 道,引燃电弧后焊枪对准前层下焊趾,焊枪工作角 75° ~ 85°,前进角 75° ~ 85°,焊缝熔合下棱边 0.5 ~ 1 mm。

第 2 道,熔合第 1 道与前一层焊趾,焊枪对准第 1 道上焊趾,焊枪工作角 70° ~ 80°,前进角 75° ~ 85°,熔池覆盖第 1 道 1/3 ~ 1/2。

第 3 道与第 2 道操作方法一致。

第 4 道,引燃电弧后熔合第 3 道和上坡口,焊枪对准前层上焊趾,枪嘴工作角 70° ~ 75°,前进角 70° ~ 75°,熔池熔合第 3 道焊缝 1/3 ~ 1/2,熔合上棱边 0.5 ~ 1 mm。注意避免咬边缺陷。焊缝余高约 2.5 mm。

(5)试件与现场清理

练习结束后,首先关闭 CO_2 瓶阀门,然后关闭焊接电源。将焊好的试件用钢丝刷反复拉刷焊道(图 2.45),除去焊缝氧化层。注意不得破坏试件原始表面,不得用水冷却。清扫场地,摆放工件,整理焊接电缆,确认无安全隐患,并做好交班记录。

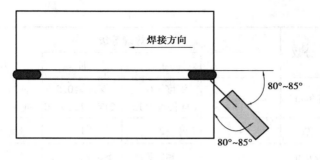

图2.45 试件

5)焊缝检查

①焊缝表面不得有气孔、裂纹、夹渣、未熔合等缺陷。

②焊缝正面宽度17~20 mm,余高小于3 mm,背面宽度5~7 mm,余高小于2.5 mm。

③焊缝表面波纹均匀,与母材圆滑过渡。

6)评分标准

低碳钢V形坡口对接横焊评分标准见表2.17。

表2.17 低碳钢V形坡口对接横焊评分标准

检查项目	标准、分数	焊缝等级				实际得分
		Ⅰ	Ⅱ	Ⅲ	Ⅳ	
焊缝余高	标准/mm	0~1	>1,≤2	>2,≤3	>3,<0	
	分 数	5	3	2	0	
焊缝高低差	标准/mm	≤1	>1,≤2	>2,≤3	>3	
	分 数	4	3	1	0	
焊缝宽度	标准/mm	>16,≤20	>20,≤21	>21,≤22	≤16,>22	
	分 数	3	2	1	0	
焊缝宽窄差	标准/mm	≤1.5	>1.5,≤2	>2,≤3	>3	
	分 数	4	2	1	0	
气孔	标准/mm	0	气孔≤φ1.5 数目:1个	气孔≤φ1.5 数目:2个	气孔>φ1.5 或数目>2个	
	分 数	5	3	2	0	
咬边	标准/mm	0	深度≤0.5 且长度≤15	深度≤0.5 长度>15,≤30	深度>0.5 或长度>30	
	分 数	6	4	2	0	
未焊透	标准/mm	0	深度≤0.5 且长度≤15	深度≤0.5 长度>15,≤30	深度>0.5 或长度>30	
	分 数	4	2	1	0	

续表

检查项目	标准、分数	焊缝等级				实际得分
		Ⅰ	Ⅱ	Ⅲ	Ⅳ	
背面焊缝凹陷	标准/mm	0	深度≤0.5 且长度≤15	深度≤0.5 长度>15,≤30	深度>0.5 或长度>30	
	分数	4	2	1	0	
错边量	标准/mm	0	≤0.7	>0.7,≤1.2	>1.2	
	分数	3	2	1	0	
角变形	标准/mm	0~1	≥1,≤3	>3,≤5	>5	
	分数	3	2	1	0	
焊缝正面外表成形	标准/mm	优 成形美观，焊纹均匀细密，高低宽窄一致	良 成形较好，焊纹均匀，焊缝平整	一般 成形尚可，焊缝平直	差 焊缝弯曲，高低宽窄明显，有表面焊接缺陷	
	分数	4	2	1	0	
电弧擦伤	标准	无	有			
	分数	5	0			

注：①焊缝未盖面、焊缝表面及根部已修补或试件做舞弊标记则该单项作0分处理。

②凡焊缝表面有裂纹、夹渣、未熔合、焊瘤等缺陷之一的，该试件外观为0分。

③焊缝需沿一个方向焊接，两个方向焊接外观为0分。

4.低碳钢 V 形坡口对接仰焊

1）焊件尺寸及要求

低碳钢 V 形坡口对接仰焊焊件尺寸及要求如图 2.46 所示。

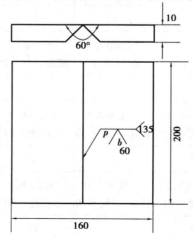

技术要求：
①焊接方法：CO_2 气体保护焊
②接头形式：对接接头
③坡口形式：V形坡口
④焊接位置：仰位置
⑤材质：Q235，板厚10 mm
⑥焊后角变形小于2°

图 2.46　低碳钢 V 形坡口对接仰焊

2)工艺分析

Q235 钢属于普通低碳钢,影响淬硬倾向的元素含量较少,根据碳当量估算,裂纹倾向不明显,焊接性良好,无须采取特殊工艺措施。试件厚度 10 mm,开坡口,焊接时采用直流反接左焊法,母材间距不宜太大,一般为 2 ~ 3 mm,定位焊点 10 mm 左右,需做反变形3°~4°。

3)焊接参数

焊接工艺参数见表 2.18。

表 2.18　焊接参数

焊接层次	焊丝直径/mm	电流/A	电压/V	CO_2 纯度/%	气体流量/$(L \cdot min^{-1})$	焊丝伸出长度/mm
1	1.2	90 ~ 110	18 ~ 19	>99.5	15	12
2	1.2	130 ~ 150	20 ~ 22	>99.5	15	12
3	1.2	120 ~ 140	19 ~ 21	>99.5	15	12

4)实训步骤

(1)装配与定位焊

焊接操作中装配与定位焊很重要,为了保证既焊透又不烧穿,必须留有合适的对接间隙和合理的钝边。根据试件板厚和焊丝直径大小,确定钝边 $p = 0 \sim 0.5$ mm,间隙 $b = 3 \sim 4$ mm(始端 3 终端 4),反变形为 3°~4°,错边量≤0.5 mm。点固焊时,在试件两端坡口内侧点固,焊点长度 10 ~ 15 mm,高度 5 ~ 6 mm,以保证固定点强度,抵抗焊接变形时的收缩。

点焊前,戴好头盔面罩,左手握焊帽,右手握焊枪,焊枪喷嘴接触试件端部坡口处,按动引弧按钮引燃电弧,待熔池熔化坡口两侧约 1 mm 时向前进行施焊,施焊过程中注意观察熔池状态电弧是否击穿熔孔。

(2)打底焊

将点固好的焊件固定在焊接工作台上,使其处于仰位,在(图 2.47)试件末端固定点引弧,焊枪与焊缝横向垂直,与焊缝方向成90°角。电弧长度为 2 ~ 3 mm,待形成熔池后开始焊接,焊至固定点末端电弧稍作停顿,电弧向上略顶,击穿根部打开熔孔,使坡口两侧各熔化 0.5 ~ 1 mm。正常焊接时,摆动幅度、前移尺寸大小要均匀,电弧的 2/3 在正面熔池,电弧的 1/3 通过间隙在坡口背面,用来击穿熔孔,保护背

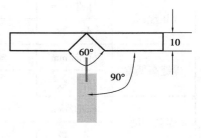

图 2.47　试件

面熔池。焊接过程中,一定要托住熔池,防止铁水下流,注意观察并控制熔孔大小保持一致在 0.5 ~ 1 mm。正常形状为半圆形,当发现熔池颜色变白亮时,其形状变为桃形或心形,说明熔池中部温度过高,铁水开始下坠,甚至产生焊瘤,此时应加大电弧前移步伐,加快焊接速度,以降低熔池温度。若熔池成椭圆形表明热输入不足,根部没有熔合,应减小电弧前移步伐,放慢焊接速度。

接头,比较容易与起焊时相同。但收弧时,注意一定要填满弧坑,防止裂纹的产生。

收尾时,可采用反复灭弧法或在弧坑处多作停留,保证弧坑填满。

(3)填充焊

用钢丝刷清理去除底层焊缝氧化皮,清理喷嘴内污物。在试件右端引燃电弧,调整电弧

长度并稍作停顿,预热试件端部,待形成熔池,锯齿摆动电弧,焊枪角度、焊丝角度与打底层基本相同,电弧比打底层摆动幅度大,摆动速度稍慢,坡口两边稍作停顿。电弧前移步伐大小以焊缝厚度为准,1/2~2/3 熔池大小。观察熔池长大情况,距棱边高 1~1.5 mm 为宜,决定电弧前移步伐和焊丝填加频率大小,以不破坏坡口棱边为好,为盖面层留作参考基准。接头时,在弧坑前方 5 mm 处引燃电弧,回移电弧预热弧坑,当重新熔化弧坑并形成熔池时转入正常焊接。

（4）盖面焊

与填充层相同,电弧在坡口两边停顿时间稍长,电弧熔入棱边 1~1.5 mm,焊缝要饱满,避免咬边缺陷。焊缝余高约 2 mm。

（5）试件与现场清理

练习结束后,首先关闭 CO_2 瓶阀门,然后关闭焊接电源。将焊好的试件用钢丝刷反复拉刷焊道,除去焊缝氧化层。注意不得破坏试件原始表面,不得用水冷却。清扫场地,摆放工件,整理焊接电缆,确认无安全隐患,并做好交班记录。

5）焊缝检查

①焊缝表面不得有气孔、裂纹、夹渣、未熔合等缺陷。

②焊缝正面宽度 17~20 mm,余高小于 3 mm,背面宽度 5~7 mm,余高小于 2.5 mm。

③焊缝表面波纹均匀,与母材圆滑过渡。

6）评分标准

低碳钢 V 形坡口对接仰焊评分标准见表2.19。

表2.19 低碳钢 V 形坡口对接仰焊评分标准

检查项目	标准、分数	焊缝等级				实际得分
		I	II	III	IV	
焊缝余高	标准/mm	0~1	>1,≤2	>2,≤3	>3,<0	
	分　数	5	3	2	0	
焊缝高低差	标准/mm	≤1	>1,≤2	>2,≤3	>3	
	分　数	4	3	1		
焊缝宽度	标准/mm	>16,≤20	>20,≤21	>21,≤22	≤16,>22	
	分　数	3	2	1	0	
焊缝宽窄差	标准/mm	≤1.5	>1.5,≤2	>2,≤3	>3	
	分　数	4	2	1	0	
气孔	标准/mm	0	气孔≤φ1.5 数目:1 个	气孔≤φ1.5 数目:2 个	气孔>φ1.5 或数目>2 个	
	分　数	5	3	2	0	
咬边	标准/mm	0	深度≤0.5 且长度≤15	深度≤0.5 长度>15,≤30	深度>0.5 或长度>30	
	分　数	6	4	2	0	

续表

检查项目	标准、分数	焊缝等级				实际得分
		Ⅰ	Ⅱ	Ⅲ	Ⅳ	
未焊透	标准/mm	0	深度≤0.5 且长度≤15	深度≤0.5 长度>15，≤30	深度>0.5 或长度>30	
	分　数	4	2	1	0	
背面焊缝凹陷	标准/mm	0	深度≤0.5 且长度≤15	深度≤0.5 长度>15，≤30	深度>0.5 或长度>30	
	分　数	4	2	1	0	
错边量	标准/mm	0	≤0.7	>0.7，≤1.2	>1.2	
	分　数	3	2	1	0	
角变形	标准/mm	0~1	≥1，≤3	>3，≤5	>5	
	分　数	3	2	1	0	
焊缝正面外表成形		优	良	一般	差	
	标准/mm	成形美观，焊纹均匀细密，高低宽窄一致	成形较好，焊纹均匀，焊缝平整	成形尚可，焊缝平直	焊缝弯曲，高低宽窄明显，有表面焊接缺陷	
	分　数	4	2	1	0	
电弧擦伤	标准/mm	无	有			
	分　数	5	0			

注：①焊缝未盖面、焊缝表面及根部已修补或试件做舞弊标记则该单项作 0 分处理。
　　②凡焊缝表面有裂纹、夹渣、未熔合、焊瘤等缺陷之一的，该试件外观为 0 分。
　　③焊缝需沿一个方向焊接，两个方向焊接外观为 0 分。

5.低碳钢 T 形接头平角焊

1)焊件尺寸及要求

低碳钢 T 形接头平角焊焊件尺寸及要求如图 2.48 所示。

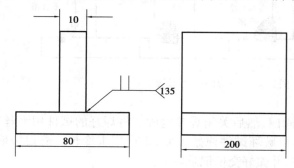

技术要求：
①焊接方法：CO_2 气体保护焊
②接头形式：T 形接头
③坡口形式：I 形坡口
④焊接位置：横位置
⑤材质：Q235，板厚10 mm
⑥焊后角变形小于2°

图 2.48　低碳钢 T 形接头平角焊

2)工艺分析

Q235 钢属于普通低碳钢,影响淬硬倾向的元素含量较少,根据碳当量估算,裂纹倾向不明显,焊接性良好,无须采取特殊工艺措施。

3)焊接参数

焊接工艺参数见表2.20。

表2.20　焊接参数

焊接层次	焊丝直径/mm	电　流/A	电　压/V	CO_2 纯度/%	气体流量/(L·min^{-1})	焊丝伸出长度/mm
1	1.2	260	26	>99.5	15	12

4)实训步骤

(1)装配与定位焊

焊接操作中装配与定位焊很重要。I形坡口角接,装配间隙 $b=0$,否则热量散失,根部容易造成未焊透。试件两端点固,反变形约3°。压紧试件,焊丝伸出长度 10~12 mm,喷嘴接触平立两板,焊丝对准平板右侧根部,按动引弧电钮引燃电弧,注意观察熔池状态及两端熔合情况。焊点长度 10 mm,然后调整间隙(击打试件右侧,使立板与平板紧密接触),再点固右侧。

(2)焊接

将点固好的试件水平放在操作台上,采用直线焊接法或斜圆圈焊接法,单层单道焊即可。正式焊接前,调节焊接电流,焊接电压,左手握焊帽,右手握焊枪,在试件右端点固点引燃电弧,电弧引燃后,调整焊枪角度、电弧长度,待点固点熔化并形成熔池后匀速焊接,工作角45°,前进角80°。焊接过程应注意观察根部两侧熔化情况,并随时调整摆动方法,以及步伐大小;电弧的移动取决于根部的熔化以及焊趾的熔合情况,一定要使根部熔化、焊趾熔合后电弧才可以前移。

停弧,由于某种原因需要停弧,注意不要立马停弧,要使焊枪喷嘴在原地停顿适当时间待弧坑填满后再移开。

接头,在息弧点前方引燃电弧,缓慢拉至弧坑处,待熔池与弧坑熔合后,转入正常焊接。收尾,当焊至试件末端,可采用反复灭弧法,使熔池逐渐缩小,填满弧坑后再息弧。

理想的焊缝断面应该是无余高或小余高,过凸(余高过大)焊缝不合格。所以焊接中,在保证熔合良好的情况下,尽量加快焊接速度,以降低余高,如图2.49所示。

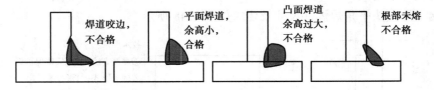

图2.49　角焊缝断面形状

(3)试件与现场清理

练习结束后,首先关闭 CO_2 瓶阀门,然后关闭焊接电源。将焊好的试件用钢丝刷反复拉刷焊道,除去焊缝氧化层。注意不得破坏试件原始表面,不得用水冷却。清扫场地,摆放工件,整理焊接电缆,确认无安全隐患,并做好交班记录。

5)焊缝检查

①焊缝表面不得有裂纹、夹渣、未熔合、咬边等缺陷。

②焊角高度 8 mm。

③焊缝表面波纹均匀,与母材熔合良好。

6)评分标准

低碳钢 T 形接头平角焊评分标准见表 2.21。

表 2.21　低碳钢 T 形接头平角焊评分标准

检查项目	标准、分数	焊缝等级				实际得分
		I	II	III	IV	
焊脚尺寸	标准/mm	3	>3,≤3.5	>3.5,≤4	<3,>4	
	分　数	10	8	6	0	
焊缝凸度	标准/mm	≤1	>1,≤1.5	>1.5,≤2	>2	
	分　数	10	8	6	0	
咬边	标准/mm	0	深度≤0.5且长度≤15	深度≤0.5长度>15,≤30	深度>0.5或长度>30	
	分　数	10	6	3	0	
电弧擦伤	标准/mm	无	有			
	分　数	5	0			
焊道层数	标准/mm	1	>1			
	分　数	5	0			
垂直度	标准/mm	0	≤1	>1,≤2	>2	
	分　数	5	3	2	0	
表面气孔	标准/mm	无	有			
	分　数	5	0			
根部熔深	标准/mm	≥1	≥0.5,<1	>0,<0.5	<0	
	分　数	20	15	10	0	
条状缺陷	标准/mm	0	≤1	≤1.5	>1.5	
	分　数	15	10	6	0	
点状缺陷	标准/mm	0	1	2	>2	
	分　数	15	10	6	0	

注:①焊缝未盖面、焊缝表面及根部已修补或试件做舞弊标记则该单项作 0 分处理。

②凡焊缝表面有裂纹、夹渣、未熔合、焊瘤等缺陷之一的,该试件外观为 0 分。

③焊缝需沿一个方向焊接,两个方向焊接外观为 0 分。

6.低碳钢 T 形接头立角焊

1)焊件尺寸及要求

低碳钢 T 形接头立角焊焊件尺寸及要求如图 2.50 所示。

2)工艺分析

Q235 钢属于普通低碳钢,影响淬硬倾向的元素含量较少,根据碳当量估算,裂纹倾向不明显,焊接性良好,无须采取特殊工艺措施。

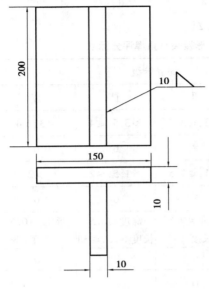

技术要求:
①焊接方法: CO_2 气体保护焊
②接头形式: T形接头
③坡口形式: I形坡口
④焊接位置: 立位置
⑤材质: Q235,板厚10 mm
⑥焊后角变形小于2°

图 2.50　低碳钢 T 形接头立角焊

3)焊接参数

焊接工艺参数见表2.22。

表 2.22　焊接参数

焊接层次	焊丝直径/mm	电流/A	电压/V	CO_2 纯度/%	气体流量/(L·min⁻¹)	焊丝伸出长度/mm
1	1.2	120~130	19~20	>99.5	15	12
2	1.2	130~150	20~22	>99.5	15	12

4)实训步骤

(1)装配与定位焊

焊接操作中装配与定位焊很重要。Ⅰ形坡口角接,装配间隙 $b=0$,否则热量散失,根部容易造成未焊透。试件两端点固,反变形约3°。压紧试件,焊丝伸出长度 10~12 mm,喷嘴接触平立两板,焊丝对准平板右侧根部,按动引弧电钮引燃电弧,注意观察熔池状态及两端熔合情况。焊点长度 10 mm,然后调整间隙(击打试件右侧,使立板与平板紧密接触),再点固右侧。

(2)打底焊

将点固好的焊件固定在工作台上使其处于立位,焊角高度 8 mm,采用立向上焊,单层单道焊即可。正式焊接前,调节焊接电流,焊接电压,左手握焊帽,右手握焊枪,在试件下端点固点引燃电弧,电弧引燃后,调整焊枪角度、电弧长度,工作角45°,前进角80°,待点固点熔化并形成熔池方可向上摆动,一般以锯齿形为易,正常焊接过程中,焊枪(电弧)摆动应始终一致,即摆动幅度宽窄相等,前移步伐大小相等,摆动速度相等,每次摆动都应压住熔池的2/3。实际上,焊接过程应注意观察根部熔化情况,并随时调整摆动方法,以及步伐大小;电弧的移动取决于根部的熔化以及焊趾的熔合情况,一定要使根部熔化、焊趾熔合后电弧才可以上移,熔池温度低时,就需要降低摆动速度,当熔池温度高时,就需要加快摆动速度,保持熔池的状态始终一致。

停弧,由于某种原因需要停弧,注意不要立马停弧,要使焊枪喷嘴在原地停顿适当时间待弧坑填满后再移开。

接头,在息弧点前方引燃电弧,缓慢拉至弧坑处,待熔池与弧坑熔合后,转入正常焊接。收尾,当焊至试件末端,可采用反复灭弧法,使熔池逐渐缩小,填满弧坑后再息弧。

理想的焊缝断面应该是无余高或小余高,过凸(余高过大)焊缝不合格。所以焊接中,在保证熔合良好的情况下,尽量加快焊接速度,以降低余高,如图 2.51 所示。

图 2.51 角焊缝断面形状

(3)盖面焊

盖面焊法与打底焊法基本相同,电弧摆动较打底焊宽些,两端停顿时间较长些,注意观察熔池与两侧母材是否熔合,收尾时填满弧坑。

(4)试件与现场清理

练习结束后,首先关闭 CO_2 瓶阀门,然后关闭焊接电源。将焊好的试件用钢丝刷反复拉刷焊道,除去焊缝氧化层。注意不得破坏试件原始表面,不得用水冷却。清扫场地,摆放工件,整理焊接电缆,确认无安全隐患,并做好交班记录。

5)焊缝检查

①焊缝表面不得有裂纹、夹渣、未熔合、咬边等缺陷。

②焊角尺寸 10 ~ 20 mm。

③焊缝表面波纹均匀,与母材熔合良好。

6)评分标准

低碳钢 T 形接头立角焊评分标准见表 2.23。

表 2.23 低碳钢 T 形接头立角焊评分标准

检查项目	标准、分数	焊缝等级				实际得分
		I	II	III	IV	
焊脚尺寸	标准/mm	3	>3,≤3.5	>3.5,≤4	<3,>4	
	分数	10	8	6	0	
焊缝凸度	标准/mm	≤1	>1,≤1.5	>1.5,≤2	>2	
	分数	10	8	6	0	
咬边	标准/mm	0	深度≤0.5 且长度≤15	深度≤0.5 长度>15,≤30	深度>0.5 或长度>30	
	分数	10	6	3	0	

续表

检查项目	标准、分数	焊缝等级				实际得分
		I	II	III	IV	
电弧擦伤	标准/mm	无	有			
	分数	5	0			
焊道层数	标准/mm	1	>1			
	分数	5	0			
垂直度	标准/mm	0	≤1	>1,≤2	>2	
	分数	5	3	2	0	
表面气孔	标准/mm	无	有			
	分数	5	0			
根部熔深	标准/mm	≥1	≥0.5,<1	>0,<0.5	<0	
	分数	20	15	10	0	
条状缺陷	标准/mm	0	≤1	≤1.5	>1.5	
	分数	15	10	6	0	
点状缺陷	标准/mm	0	1	2	>2	
	分数	15	10	6	0	

注:①焊缝未盖面、焊缝表面及根部已修补或试件做舞弊标记则该单项作 0 分处理。

②凡焊缝表面有裂纹、夹渣、未熔合、焊瘤等缺陷之一的,该试件外观为 0 分。

③焊缝需沿一个方向焊接,两个方向焊接外观为 0 分。

7. 低碳钢管对接垂直固定单面焊双面成型

1)焊件尺寸及要求

低碳钢管对接垂直固定单面焊双面成型焊件尺寸及要求如图 2.52 所示。

2)工艺分析

20 号钢属于普通低碳钢,影响淬硬倾向的元素含量较少,根据碳当量估算,裂纹倾向不明显,焊接性良好,无须采取特殊工艺措施。

3)焊接参数

焊接工艺参数见表 2.24。

4)实训步骤

(1)装配与定位焊

焊接操作中装配与定位焊很重要,管状试件点固点一般为 3 处,为了保证既焊透又不烧穿,必须留有合适的对接间隙和合理的钝边。根据管壁厚度和焊丝直径大小,确定钝边 $p = 0 \sim 0.5$ mm,间隙 $b = 2.5 \sim 3$ mm,错边量≤0.5 mm。点固焊时,用对口钳或小槽钢对口,在试件两端坡口内侧点固,焊点长度 10 mm 左右,高度 2~3 mm。正式焊接前,调整焊接电流,焊接电压,戴好头盔面罩,左手扶焊件,右手握焊枪,焊丝接触试件端部坡口处,按动引弧按钮引燃电弧。电弧长度为 2～3 mm,形成熔池两侧搭桥后,击穿熔孔作锯齿形摆动电弧,将坡口钝边熔化,点固 10 mm 左右留出熔孔,灭弧后点固另外两点方法一致。将试件固定在焊接变位器上,高度据个人习惯而定。

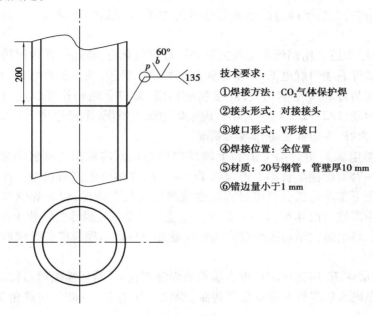

技术要求:
① 焊接方法:CO_2气体保护焊
② 接头形式:对接接头
③ 坡口形式:V形坡口
④ 焊接位置:全位置
⑤ 材质:20号钢管,管壁厚10 mm
⑥ 错边量小于1 mm

图 2.52　低碳钢管对接垂直固定单面焊双面成型

表 2.24　焊接参数

焊接层次	焊丝直径/mm	电流/A	电压/V	CO_2 纯度/%	气体流量 /$(L \cdot min^{-1})$	焊丝伸出长度/mm
1	1.2	100～130	18～20	>99.5	15	15
2	1.2	130～150	20～22	>99.5	15	15
3	1.2	130～140	20～21	>99.5	15	15

(2)打底焊

在试件小间隙方固定点引弧,喷嘴工作角 80°～90°,前进角 75°～80°,电弧长度约 2 mm,待固定点形成熔池后小锯齿摆动焊枪向左移动,至固定点末端电弧稍作停顿,击穿根部打开熔孔,使坡口上侧熔化 1 mm,稍作停顿后焊枪向左下侧摆动,坡口下侧熔化 0.5 mm,电弧在坡口下侧稍作停顿,使其熔合良好,电弧再向右上侧摆动,如此反复形成焊缝。电弧再上下两侧停顿,使焊缝和坡口两侧良好熔合,避免因焊缝中间温度过高熔池下坠,造成背面焊缝余高过大,焊缝正面中间凸起两侧形成沟槽。注意上侧停顿时间较长些,防止铁水下流。

正常焊接时,摆动幅度、前移尺寸大小要均匀,电弧的 2/3 在正面熔池,电弧的 1/3 通过间隙在坡口背面,用来击穿熔孔,保护背面熔池。

焊接过程中,注意观察并控制熔孔大小保持一致在 0.5～1 mm。熔孔过大,则温度过高,正面或背面产生焊瘤,应加快焊接速度,尽量不要灭弧降温;没有熔孔,则背面没有熔合,应减缓前进步伐,放慢焊接速度,或调整增加焊接电流。

接头时与起焊时相同。但收弧时,一定要填满弧坑,否则易出现气孔、裂纹,一旦出现必须打磨掉再焊。

收尾时,焊至焊缝终点处压低电弧、放慢焊接速度,注意观察熔池是否与末端点固点完全融合,背面是否击穿,然后平缓过渡至末端点固点,填满弧坑后停止焊接。

(3)填充焊

填充层为一层2道。用钢丝刷清理去除底层焊缝氧化皮,清理喷嘴内污物。

第1道,在试件右端引燃电弧,调整电弧长度并稍作停顿,预热试件端部,待形成熔池,开始焊接,焊枪角度与打底层基本相同,焊接速度稍慢,坡口下侧稍作停顿。电弧前移步伐大小,以焊缝厚度为准,1/2 ~ 2/3 熔池大小。观察熔池长大情况,距棱边高 1 ~ 1.5 mm 为宜,以不破坏坡口棱边为好,为盖面层留作参考基准。

第2道,引燃电弧后熔合第1道和上坡口内侧焊枪对准前层上焊趾枪嘴工作角 70° ~ 75°,前进角 70° ~ 75°,熔池熔合第1道焊缝 1/3 ~ 1/2,并熔合上侧坡口壁。注意避免咬边缺陷,有需要时可上下摆动电弧。焊接过程注意观测熔池长大情况,保证焊缝与坡口内侧熔合良好,焊缝厚度距离坡口面 0.5 ~ 1 mm 为宜。注意当焊至不便操作时需要灭弧,接头时,在坡口内壁一侧引弧,将电弧拉至前道焊缝末端弧坑处加热待熔池涨起填满弧坑后继续焊接。

(4)盖面焊

盖面焊为一层3道,用钢丝刷清理去填充层焊缝氧化皮,清理喷嘴内污物。

第1道,引燃电弧后焊枪对准前层下焊趾,焊枪工作角 75° ~ 85°,前进角 75° ~ 85°,焊缝熔合下棱边 0.5 ~ 1 mm。

第2道,熔合第1道与前一层焊趾,焊枪对准第1道上焊趾,焊枪工作角 70° ~ 80°,前进角 75° ~ 85°,熔池覆盖第1道 1/3 ~ 1/2。

第3道,引燃电弧后熔合第3道和上坡口,焊枪对准前层上焊趾,枪嘴工作角 70° ~ 75°,前进角 70° ~ 75°,熔池熔合第3道焊缝 1/3 ~ 1/2,熔合上棱边 0.5 ~ 1 mm。注意避免咬边缺陷,焊缝余高约 2 mm。

需要接头时,方法与填充层接头方法一样,注意焊缝宽窄要一致,焊缝连接处熔合良好,平滑饱满。

收弧时,一定要填满弧坑,否则易出现气孔、裂纹,一旦出现必须打磨掉再焊。

(5)试件与现场清理

练习结束后,首先关闭 CO_2 瓶阀门,然后关闭焊接电源。将焊好的试件用钢丝刷反复拉刷焊道,除去焊缝氧化层。注意不得破坏试件原始表面,不得用水冷却。清扫场地,摆放工件,整理焊接电缆,确认无安全隐患,并做好交班记录。

5)焊缝检查

①焊缝表面不得有裂纹、夹渣、未熔合等缺陷。

②焊缝宽度 10 ~ 12 mm。

③焊缝表面波纹均匀,与母材熔合良好。

6)评分标准

低碳钢管对接垂直固定单面焊双面成型评分标准见表2.25。

表 2.25 低碳钢管对接垂直固定单面焊双面成型评分标准

检查项目		标准、分数	焊缝等级				实际得分
			I	II	III	IV	
正面	焊缝余高	标准/mm	0~1	>1,≤1.5	>1.5,≤2	>2	
		分数	5	3	1	0	
	焊缝高低差	标准/mm	≤1	>1,≤1.5	>1.5,≤2	>2	
		分数	5	3	1	0	
	焊缝宽度	标准/mm	≥10,≤10.5	>10.5,≤11.5	>11.5,≤12	>12,<10	
		分数	5	3	1	0	
	焊缝宽窄差	标准/mm	≤1.5	>1.5,≤2	>2,≤3	>3	
		分数	5	3	1	0	
	咬边	标准/mm	0	深度≤0.5 长度≤10	深度≤0.5 长度≤20	深度>0.5 或长度>20	
		分数	10	7	5		
	气孔	标准/mm	无气孔	气孔≤0.5 数目:1个	气孔≤0.5 数目:2个	气孔>0.5 数目:>2个	
		分数	10	6	2	0	
	焊缝外表成形		优	良	一般	差	
		标准/mm	成形美观,鱼鳞均匀细密,高低宽窄一致	成形较好,鱼鳞均匀,焊缝平整	成形尚可,焊缝平直	焊缝弯曲,高低宽窄明显,有表面缺陷	
		分数	10	7	4	0	
反面	焊缝高度	0~2 mm 5分	>2 mm 或 <0 0分				
	咬边	无咬边 5分	有咬边 0分				
	气孔	无气孔 5分	有气孔 0分				
	未焊透	无未焊透 5分 有未焊透 0分					
	凹陷	无内凹 10分	深度≤0.5 mm,每4 mm长扣1分(最多扣10分)深度>0.5 mm 0分				
	焊瘤	无焊瘤 5分 有焊瘤 0分					

67

续表

检查项目		标准、分数	焊缝等级				实际得分
			Ⅰ	Ⅱ	Ⅲ	Ⅳ	
反面	焊缝外表成形	标准/mm	优	良	一般	差	
			成形美观,鱼鳞均匀细密,高低宽窄一致	成形较好,鱼鳞均匀,焊缝平整	成形尚可,焊缝平直	焊缝弯曲,高低宽窄明显,有表面缺陷	
		分数	5	3	2	0	
气密性检测		分数	10				

注:①焊缝未盖面、焊缝表面及根部已修补或试件做舞弊标记则该单项作 0 分处理。

②凡焊缝表面有裂纹、夹渣、未熔合、焊瘤等缺陷之一的,该试件外观为 0 分。

8.低碳钢管对接水平固定单面焊双面成型

1)焊件尺寸及要求

低碳钢管对接水平固定单面焊双面成型焊件尺寸及要求如图 2.53 所示。

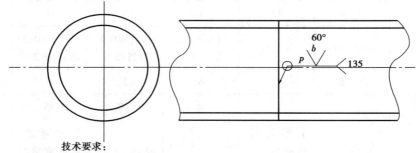

技术要求:
①焊接方法:CO_2气体保护焊　　②接头形式:对接接头
③坡口形式:V形坡口　　　　　　④焊接位置:全位置
⑤材质:20号钢管,管壁厚10 mm　⑥错边量小于1 mm

图 2.53　低碳钢管对接水平固定单面焊双面成型

2)工艺分析

20 号钢属于普通低碳钢,影响淬硬倾向的元素含量较少,根据碳当量估算,裂纹倾向不明显,焊接性良好,无须采取特殊工艺措施。

3)焊接参数

焊接工艺参数见表 2.26。

表 2.26　焊接参数

焊接层次	焊丝直径/mm	电流/A	电压/V	CO_2 纯度/%	气体流量/(L·min⁻¹)	焊丝伸出长度/mm
1	1.2	110~130	18~20	>99.5	15	15
2	1.2	130~150	20~22	>99.5	15	15
3	1.2	130~140	20~21	>99.5	15	15

4）实训步骤

（1）装配与定位焊

焊接操作中装配与定位焊很重要，管状试件点固点一般为3处，为了保证既焊透又不烧穿，必须留有合适的对接间隙和合理的钝边。根据管壁厚度和焊丝直径大小，确定钝边 $p = 0 \sim 0.5$ mm，间隙 $b = 2.5 \sim 3$ mm，错边量 $\leqslant 0.5$ mm。点固焊时，用对口钳或小槽钢对口，在试件两端坡口内侧点固，焊点长度10 mm左右，高度 $2 \sim 3$ mm。点焊前，调整焊接电流，焊接电压，手动送丝。戴好头盔面罩，左手扶焊件，右手握焊枪，焊丝接触试件端部坡口处，按动引弧按钮引燃电弧，电弧长度为 $2 \sim 3$ mm，形成熔池两侧搭桥后击穿熔孔锯齿形摆动电弧，将坡口钝边熔化，点固10 mm左右留出熔孔，灭弧后点固另外两点方法一致。将试件固定在焊接变位器上，高度按个人习惯而定。

（2）打底焊

管对接水平固定焊分左右两个半圆先后完成。先焊接右半圈，从6点半位置开始焊接，11点半位置收弧。焊枪角度随焊接位置的变化而变化。戴好头盔面罩，左手扶焊件，右手握焊枪，分开两腿弯腰低头，枪嘴接触试件6点半位置坡口处，引燃电弧后拉至点焊位置，此时，焊枪工作角为90°，前进角80°～85°，电弧长度为 $1 \sim 2$ mm，待点电弧击穿熔孔形成熔池后开始焊接，坡口棱边熔化 $0.5 \sim 1$ mm，电弧在坡口两侧适当停顿，保持焊道平整、熔合良好。随着焊缝位置的变化逐渐直腰，并相应调整焊枪角度，到达立位时，焊枪前进角75°～80°，到达平位时，焊枪前进角为70°～75°，越过12点位置改变电弧指向，以控制铁水下流。到达11点半位置开始收弧，焊接过程注意控制电弧长短，随位置由仰位、立位、平位变化，电弧长度随之变长。焊接左半圈时，管子位置不动，焊工身体位置调换。由6点半附近位置起弧缓慢移动到右半圈起焊处，待电弧击穿熔孔形成熔池后，电弧小锯齿摆动向7点移动，焊接方法与右半圈相同，注意逐渐调整焊枪焊丝角度。收尾时要向前多焊一些，并填满弧坑，保证接头处熔合良好，没有缺陷。

（3）填充焊

用钢丝刷清理去除底层焊缝氧化皮，清理喷嘴内污物。在打底焊引弧点引燃电弧，调整电弧长度并稍作停顿，待形成熔池后锯齿摆动电弧，焊枪角度、焊丝角度与打底层基本相同，电弧比打底层摆动幅度大，摆动速度稍慢，坡口两边稍作停顿，管件转动速度与焊接速度一致。电弧前移步伐大小，以焊缝厚度为准，$2/3 \sim 1/2$ 熔池大小。观察熔池长大情况，距棱边高 $1 \sim 1.5$ mm为宜，为盖面层留作参考基准，收尾时注意填满弧坑。

（4）盖面层

与填充层相同，电弧在坡口两边停顿时间稍长，电弧熔入棱边 $1 \sim 1.5$ mm，焊缝要饱满，避免咬边缺陷，收尾要填满弧坑，焊缝余高约2 mm。

（5）试件与现场清理

练习结束后，首先关闭 CO_2 瓶阀门，然后关闭焊接电源。将焊好的试件用钢丝刷反复拉刷焊道，除去焊缝氧化层。注意不得破坏试件原始表面，不得用水冷却。清扫场地，摆放工件，整理焊接电缆，确认无安全隐患，并做好交班记录。

5）焊缝检查

①焊缝表面不得有裂纹、夹渣、未熔合等缺陷。

②焊缝宽度10～12 mm。

③焊缝表面波纹均匀,与母材熔合良好。

6)评分标准

低碳钢管对接水平固定单面焊双面成型评分见表2.27。

表2.27 低碳钢管对接水平固定单面焊双面成型评分标准

检查项目		标准、分数	焊缝等级				实际得分
			I	II	III	IV	
正面	焊缝余高	标准/mm	0~1	>1,≤1.5	>1.5,≤2	>2	
		分数	5	3	1	0	
	焊缝高低差	标准/mm	≤1	>1,≤1.5	>1.5,≤2	>2	
		分数	5	3	1	0	
	焊缝宽度	标准/mm	≥10,≤10.5	>10.5,≤11.5	>11.5,≤12	>12,<10	
		分数	5	3	1	0	
	焊缝宽窄差	标准/mm	≤1.5	>1.5,≤2	>2,≤3	>3	
		分数	5	3	1	0	
	咬边	标准/mm	0	深度≤0.5 长度≤10	深度≤0.5 长度≤20	深度>0.5 长度>20	
		分数	10	7	5	0	
	气孔	标准/mm	无气孔	气孔≤0.5 数目:1个	气孔≤0.5 数目:2个	气孔>0.5 数目:>2个	
		分数	10	6	2	0	
	焊缝外表成形		优	良	一般	差	
		标准/mm	成形美观,鱼鳞均匀细密,高低宽窄一致	成形较好,鱼鳞均匀,焊缝平整	成形尚可,焊缝平直	焊缝弯曲,高低宽窄明显,有表面缺陷	
		分数	10	7	4	0	
反面	焊缝高度	0~2 mm 5分	>2 mm 或 <0 0分				
	咬边	无咬边 5分	有咬边 0分				
	气孔	无气孔 5分	有气孔 0分				
	未焊透	无未焊透 5分 有未焊透 0分					
	凹陷	无内凹 10分	深度≤0.5 mm,每4 mm长扣1分(最多扣10分)深度>0.5 mm 0分				
	焊瘤	无焊瘤 5分 有焊瘤 0分					

续表

检查项目		标准、分数	焊缝等级				实际得分
			I	II	III	IV	
反面	焊缝外表成形	标准/mm	优	良	一般	差	
			成形美观,鱼鳞均匀细密,高低宽窄一致	成形较好,鱼鳞均匀,焊缝平整	成形尚可,焊缝平直	焊缝弯曲,高低宽窄明显,有表面缺陷	
		分数	5	3	2	0	
气密性检测		分数	10				

注:①焊缝未盖面、焊缝表面及根部已修补或试件做舞弊标记则该单项作 0 分处理。

②凡焊缝表面有裂纹、夹渣、未熔合、焊瘤等缺陷之一的,该试件外观为 0 分。

③焊缝需沿一个方向焊接,两个方向焊接外观为 0 分。

2.2.5　模拟技能考题

1. 半自动 CO_2 气体保护焊钢板对接横焊

1)考件图样(图 2.54)

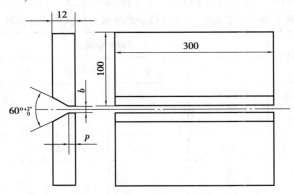

图 2.54　半自动 CO_2 气体保护焊钢板对接横焊

技术要求:

①单面焊双面成型。

②钝边高度 p、坡口间隙 b 自定,允许采用反变形。

③打底层焊缝允许打磨。

④名称:半自动 CO_2 气体保护焊钢板对接横焊。

⑤材料:Q235 钢板。

2)焊前准备

①设备:NBC-250　CO_2 焊机 1 台。

②焊丝牌号:H08Mn2SiA,直径为 1.2 mm。

③CO_2 气:1 瓶。

④工具:气体流量计 1 个、钢丝刷、锤子、钢丝钳、常用锉刀、活扳手各 1 把,台虎钳、台式砂轮、角向磨光机各 1 台。

⑤考件材料及尺寸:Q235 钢板,尺寸(厚×长×宽)为:12 mm×300 mm×100 mm,共 2 块。

⑥考件要求:考件两端不得安装引弧板和引出板,焊前仔细清除待焊处油、污、锈、垢,焊后仔细清除焊缝表面飞溅物,并保持焊缝原始状态。

3)考核内容

①考核要求。

a.焊前准备:考核考件清理程度(坡口两侧 10～20 mm 范围内的油、污、锈、垢)、定位焊(正面坡口内两端定位焊缝长度≥20 mm)正确与否、焊接参数选择正确与否。

b.焊缝外观质量:考核焊缝余高、余高差、焊缝宽度差、直线度、角变形、错边、咬边和背面凹坑深度等。

c.焊缝内部质量:射线探伤后,按《承压设备无损检测》(JB/T 4730—2005)标准要求检查焊缝内部质量。

②时间定额准备时间为 30 min,正式焊接时间为 40 min(焊接时间每超过 5 min 扣 1 分,不足 5 min 也扣 1 分,超过 10 min 此次考试无效)。

③安全文明生产考核现场劳保用品穿戴情况,焊接过程是否正确执行安全操作规程,焊接完毕,操作现场是否清理干净,工具、焊件是否摆放整齐。

4)配分、评分标准

半自动 CO_2 气体保护焊钢板对接横焊的评分标准见表 2.28。

表 2.28　半自动 CO_2 气体保护焊钢板对接横焊评分标准

检查项目	标准、分数	焊缝等级				实际得分
		Ⅰ	Ⅱ	Ⅲ	Ⅳ	
焊缝余高	标准/mm	0～1	>1,≤2	>2,≤3	>3,<0	
	分数	5	3	2	0	
焊缝高低差	标准/mm	≤1	>1,≤2	>2,≤3	>3	
	分数	4	3	1	0	
焊缝宽度	标准/mm	>16,≤20	>20,≤21	>21,≤22	≤16,>22	
	分数	3	2	1	0	
焊缝宽窄差	标准/mm	≤1.5	>1.5,≤2	>2,≤3	>3	
	分数	4	2	1	0	
气孔	标准/mm	0	气孔≤ϕ1.5 数目:1 个	气孔≤ϕ1.5 数目:2 个	气孔>ϕ1.5 或数目>2 个	
	分数	5	3	2	0	
咬边	标准/mm	0	深度≤0.5 且长度≤15	深度≤0.5 长度>15,≤30	深度>0.5 或长度>30	
	分数	6	4	2	0	

续表

检查项目	标准、分数	焊缝等级				实际得分
		I	II	III	IV	
未焊透	标准/mm	0	深度≤0.5 且长度≤15	深度≤0.5 长度>15,≤30	深度>0.5 或长度>30	
	分数	4	2	1	0	
背面焊缝凹陷	标准/mm	0	深度≤0.5 且长度≤15	深度≤0.5 长度>15,≤30	深度>0.5 或长度>30	
	分数	4	2	1	0	
错边量	标准/mm	0	≤0.7	>0.7,≤1.2	>1.2	
	分数	3	2	1	0	
角变形	标准/mm	0~1	≥1,≤3	>3,≤5	>5	
	分数	3	2	1	0	
焊缝正面外表成形	标准/mm	优 成形美观,焊纹均匀细密,高低宽窄一致	良 成形较好,焊纹均匀,焊缝平整	一般 成形尚可,焊缝平直	差 焊缝弯曲,高低宽窄明显,有表面焊接缺陷	
	分数	4	2	1	0	
电弧擦伤	标准	无	有			
	分数	5	0			

2. 半自动 CO_2 气体保护焊钢板对接立焊

1)考件图样(图2.55)

技术要求:

①单面焊双面成型。

②钝边高度 p、坡口间隙 b 自定,允许采用反变形。

③打底层焊缝允许打磨。

④名称:半自动 CO_2 气体保护焊钢板对接立焊。

⑤材料:Q235 钢板。

2)焊前准备

①设备:NBC-250CO_2 焊机 1 台。

②焊丝牌号:H08Mn2SiA,直径为 1.2 mm。

③CO_2 气:1 瓶。

④工具:气体流量计 1 个、钢丝刷、锤子、钢丝钳、常用锉刀、活扳手各 1 把,台虎钳、台式砂轮、角向磨光机各 1 台。

⑤考件材料及尺寸:Q235 钢板,尺寸(厚×长×宽)为:12 mm×300 mm×100 mm,共 2 块。

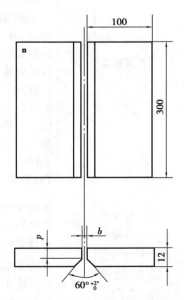

图2.55 半自动 CO_2 气体保护焊钢板对接立焊

⑥考件要求:考件两端不得安装引弧板和弧出板,焊前仔细清除待焊处油、污、锈、垢,焊后仔细清除焊缝表面飞溅物,并保持焊缝原始状态。

3)考核内容

①考核要求。

a.焊前准备:考核考件清理程度(坡口两侧 10～20 mm 范围内的油、污、锈、垢)、定位焊(正面坡口内两端定位焊缝长度≥20 mm)正确与否、焊接参数选择正确与否。

b.焊缝外观质量:考核焊缝余高、余高差、焊缝宽度差、直线度、角变形、错边、咬边、背面凹坑深度等。

c.焊缝内部质量:射线探伤后,按《承压设备无损检测》(JB/T 4730—2005)标准要求检查焊缝内部质量。

②时间定额准备时间为 30 min,正式焊接时间为 40 min(焊接时间每超过 5 min 扣 1 分,不足 5 min 也扣 1 分,超过 10 min 此次考试无效)。

③安全文明生产考核现场劳保用品穿戴情况,焊接过程是否正确执行安全操作规程,焊接完毕,操作现场是否清理干净,工具、焊件是否摆放整齐。

4)配分、评分标准

半自动 CO_2 气体保护焊钢板对接立焊的评分标准见表 2.29。

表 2.29 半自动 CO_2 气体保护焊钢板对接立焊的评分标准

序号	考核要求	配分	评分标准	扣分	得分
1	焊前准备	10	1.考件清理不干净,定位焊不正确扣 5 分 2.焊接参数调整不正确扣 5 分		
2	外观检查	40	1.焊缝余高满分 4 分,<0 或 >3 mm 得 0 分,1～2 得 4 分 2.焊缝余高差满分 4 分,>2 mm 扣 4 分 3.缝宽度差满分 4 分,>3 mm 扣 4 分 4.焊缝直线度满分 4 分,>2 mm 扣 4 分 5.无咬边得 8 分,咬边≤0.5 mm,累计长度每 5 mm 扣 1 分,咬边深度 >0.5 mm 或累计长度 >26 mm 扣 8 分 6.角变形满分 4 分,>3°,扣 4 分 7.错边满分 4 分,>1.2 mm,扣 4 分 8.背面凹坑深度满分 4 分,>2 mm 或长度 >26 mm,扣 4 分 9.焊缝背面余高满分 4 分,>3 mm,扣 4 分 注:(1)焊缝表面不是原始状态,有加工、补焊、返修的现象,或有裂纹、气孔、夹渣、未焊透、未熔合等任何缺陷存在,此项考试按不合格论 (2)焊缝外观质量得分低于 24 分,此项考试按不合格论		
3	焊缝内部质量	40	射线探伤后,按 JB/T 4730—2005 评定,焊缝质量达到 I 级扣 0 分 焊缝质量达到 II 级扣 10 分 焊缝质量达到 III 级,此项考试按不合格论		
4	安全文明生产	10	1.劳保用品穿戴不全,扣 2 分 2.焊接过程中有违反安全操作规程现象,视情节扣 2～5 分 3.考件焊完后,现场清理不干净,工具码放不整齐扣 3 分		

3. 半自动 CO_2 气体保护焊钢板对接仰焊

1）考件图样（图 2.56）

技术要求：

①单面焊双面成型。

②钝边高度 p、坡口间隙 b 自定，允许采用反变形。

③打底层焊缝允许打磨。

④名称：半自动 CO_2 气体保护焊钢板对接仰焊。

⑤材料：Q235 钢板。

2）焊前准备

①设备：NBC-250CO_2 焊机 1 台。

②焊丝牌号：H08Mn2SiA，直径为 1.2 mm。

③CO_2 气：1 瓶。

④工具：气体流量计 1 个、钢丝刷、锤子、钢丝钳、常用锉刀、活扳手各 1 把，台虎钳、台式砂轮、角向磨光机各 1 台。

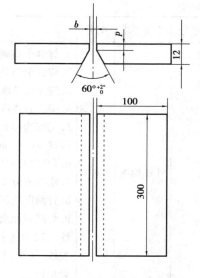

图 2.56　半自动 CO_2 气体保护焊钢板对接仰焊

⑤考件材料及尺寸：Q235 钢板，尺寸（厚 × 长 × 宽）为：12 mm × 300 mm × 100 mm，共 2 块。

⑥考件要求：考件两端不得安装引弧板和引出板，焊前仔细清除待焊处油、污、锈、垢，焊后仔细清除焊缝表面飞溅物，并保持焊缝原始状态。

3）考核内容

①考核要求。

a. 焊前准备：考核考件清理程度（坡口两侧 10 ~ 20 mm 范围内的油、污、锈、垢）、定位焊（正面坡口内两端定位焊缝长度≥20 mm）正确与否、焊接参数选择正确与否。

b. 焊缝外观质量：考核焊缝余高、余高差、焊缝宽度差、直线度、角变形、错边、咬边和背面凹坑深度等。

c. 焊缝内部质量：射线探伤后，按《承压设备无损检测》（JB/T 4730—2005）标准要求检查焊缝内部质量。

②时间定额准备时间为 30 min，正式焊接时间为 40 min（焊接时间每超过 5 min 扣 1 分，不足 5 min 也扣 1 分，超过 10 min 此次考试无效）。

③安全文明生产考核现场劳保用品穿戴情况，焊接过程是否正确执行安全操作规程，焊接完毕，操作现场是否清理干净，工具、焊件是否摆放整齐。

4）配分、评分标准

半自动 CO_2 气体保护焊钢板对接立焊的评分标准见表 2.30。

表 2.30　半自动 CO_2 气体保护焊钢板对接立焊的评分标准

序号	考核要求	配分	评分标准	扣分	得分
1	焊前准备	10	1. 考件清理不干净，定位焊不正确扣 5 分 2. 焊接参数调整不正确扣 5 分		

续表

序号	考核要求	配分	评分标准	扣分	得分
2	外观检查	40	1. 焊缝余高满分 4 分，<0 或 >3 mm 得 0 分，1～2 得 4 分 2. 焊缝余高差满分 4 分，>2 mm 扣 4 分 3. 缝宽度差满分 4 分，>3 mm 扣 4 分 4. 焊缝直线度满分 4 分，>2 mm 扣 4 分 5. 无咬边得 8 分，咬边 ≤0.5 mm，累计长度每 5 mm 扣 1 分，咬边深度 >0.5 mm 或累计长度 >26 mm 扣 8 分 6. 角变形满分 4 分，>3°，扣 4 分 7. 错边满分 4 分，>1.2 mm，扣 4 分 8. 背面凹坑深度满分 4 分，>2 mm 或长度 >26 mm，扣 4 分 9. 焊缝背面余高满分 4 分，>3 mm，扣 4 分 注：(1)焊缝表面不是原始状态，有加工、补焊、返修的现象，或有裂纹、气孔、夹渣、未焊透、未熔合等任何缺陷存在，此项考试按不合格论 (2)焊缝外观质量得分低于 24 分，此项考试按不合格论		
3	焊缝内部质量	40	射线探伤后，按《承压设备无损检测》(JB/T 4730—2005)评定，焊缝质量达到 I 级扣 0 分 焊缝质量达到 II 级扣 10 分 焊缝质量达到 III 级，此项考试按不合格论		
4	安全文明生产	10	1. 劳保用品穿戴不全，扣 2 分 2. 焊接过程中有违反安全操作规程现象，视情节扣 2～5 分 3. 考件焊完后，现场清理不干净，工具码放不整齐扣 3 分		

4. 半自动 CO_2 气体保护焊钢板 T 形接头平角焊

1)考件图样（图 2.57）

技术要求：

①根部间隙 b 自定。

②焊脚尺寸为 14 mm。

③名称：半自动 CO_2 气体保护焊钢板 T 形接头平角焊。

④材料：Q235 钢板。

2)焊前准备

①设备：NBC-250CO_2 焊机 1 台。

②焊丝牌号：H08Mn2SiA，直径为 1.2 mm。

③CO_2 气：1 瓶。

④工具：气体流量计 1 个、钢丝刷、锤子、钢丝钳、常用锉刀、活扳手各 1 把，台虎钳、台式砂轮、角向磨光机各 1 台，焊缝测量尺 1 把。

⑤考件材料及尺寸：Q235 钢板，尺寸（厚×长×宽）为：12 mm×300 mm×150 mm，共 2 块。

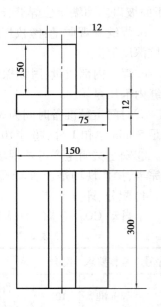

图 2.57　半自动 CO_2 气体保护焊钢板 T 形接头平角焊

⑥考件要求:考件两端不得安装引弧板和引出板,焊前仔细清除待焊处油、污、锈、垢,焊后仔细清除焊缝表面飞溅物,并保持焊缝原始状态。

3)考核内容

①考核要求。

a.焊前准备:考核考件清理程度(待焊区两侧各 10 ~ 20 mm 范围内的油、污、锈、垢)、定位焊(T 形接头的首尾两端焊道内定位焊缝长度≥20 mm)正确与否、焊接参数选择正确与否。

b.焊缝外观质量:考核焊缝凹度、焊缝凸度、焊脚尺寸、焊缝直线度、咬边等。

c.焊缝内部质量:射线探伤后,按《承压设备无损检测》(JB/T 4730—2005)标准要求检查焊缝内部质量。

②时间定额准备时间为 30 min,正式焊接时间为 40 min(焊接时间每超过 5 min 扣 1 分,不足 5 min 也扣 1 分,超过 10 min 此次考试无效)。

③安全文明生产考核现场劳保用品穿戴情况,焊接过程是否正确执行安全操作规程,焊接完毕,操作现场是否清理干净,工具、焊件是否摆放整齐。

4)配分、评分标准

半自动 CO_2 气体保护焊钢板 T 形接头平角焊的评分标准见表 2.31。

表 2.31　半自动 CO_2 气体保护焊钢板 T 形接头平角焊的评分标准

序号	考核要求	配分	评分标准	扣分	得分
1	焊前准备	10	1. 考件清理不干净,定位焊不正确扣 5 分 2. 焊接参数调整不正确扣 5 分		
2	外观检查	40	1. 焊缝凹度满分 7 分, >1.5 mm 扣 7 分 2. 焊缝凸度满分 7 分, >1.5 mm 扣 7 分 3. 焊缝焊脚尺寸满分 8 分, >16 mm 或 <12 mm 扣 8 分 4. 焊缝直线度满分 8 分, >2 mm 扣 8 分 5. 无咬边得 10 分,咬边≤0.5 mm,累计长度每 5 mm 扣 1 分,咬边深度 >0.5 mm,累计长度 >26 mm 扣 10 分 注:(1)焊缝表面不是原始状态,有加工、补焊、返修的现象,或有裂纹、气孔、夹渣、未焊透、未熔合等任何缺陷存在,此项考试按不合格论 (2)焊缝外观质量得分低于 24 分,此项考试按不合格论		
3	焊缝内部质量	40	在垂直于焊缝长度方向上取焊缝金相试样共 3 个面,用目视或 5 倍放大镜进行宏观检验,每个试样检查面结果: 1. 当只有≤0.5 mm 的气孔或夹渣,并且数目不多于 3 个,每出现 1 个就扣 1 分 2. 当出现 0.5 ~ 1.5 mm 的气孔或夹渣,并且数目不多于 1 个时,扣 2 分 注:当焊缝金相检查面出现裂纹、未熔合或出现超过上述标准的气孔和夹渣,或接头根部熔深 <0.5 mm 时,此项考试按不合格论		
4	安全文明生产	10	1. 劳保用品穿戴不全,扣 2 分 2. 焊接过程中有违反安全操作规程现象,视情节扣 2 ~ 5 分 3. 考件焊完后,现场清理不干净,工具码放不整齐扣 3 分		

5. 半自动 CO_2 气体保护焊钢板 T 形接头垂直立角焊

1）考件图样（图 2.58）

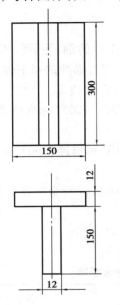

图 2.58 半自动 CO_2 气体保护焊钢板 T 形接头垂直立角焊

技术要求：

①根部间隙自定。

②焊脚尺寸为 14 mm。

③名称：半自动 CO_2 气体保护焊钢板 T 形接头垂直立角焊。

④材料：Q235 钢板。

2）焊前准备

①设备：NBC-250CO_2 焊机 1 台。

②焊丝牌号：H08Mn2SiA，直径为 1.2 mm。

③CO_2 气：1 瓶。

④工具：气体流量计 1 个、钢丝刷、锤子、钢丝钳、常用锉刀、活扳手各 1 把，台虎钳、台式砂轮、角向磨光机各 1 台，焊缝测量尺 1 把。

⑤考件材料及尺寸：Q235 钢板，尺寸（厚×长×宽）为：12 mm×300 mm×150 mm，共 2 块。

⑥考件要求：考件两端不得安装引弧板和引出板，焊前仔细清除待焊处油、污、锈、垢，焊后仔细清除焊缝表面飞溅物，并保持焊缝原始状态。

3）考核内容

①考核要求：

a. 焊前准备：考核考件清理程度（待焊区两侧各 10～20 mm 范围内的油、污、锈、垢）、定位焊（T 形接头的首尾两端焊道内定位焊长度≥20 mm）正确与否、焊接参数选择正确与否。

b. 焊缝外观质量：考核焊缝凹度、焊缝凸度、焊脚尺寸、焊缝直线度、咬边等。

c. 焊缝内部质量：射线探伤后，按《承压设备无损检测》（JB/T 4730—2005）标准要求检查焊缝内部质量。

②时间定额准备时间为 30 min，正式焊接时间为 40 min（焊接时间每超过 5 min 扣 1 分，不足 5 min 也扣 1 分，超过 10 min 此次考试无效）。

③安全文明生产考核现场劳保用品穿戴情况，焊接过程是否正确执行安全操作规程，焊接完毕，操作现场是否清理干净，工具、焊件是否摆放整齐。

4）配分、评分标准

半自动 CO_2 气体保护焊钢板 T 形接头垂直立角焊的评分标准见表 2.32。

表 2.32 半自动 CO_2 气体保护焊钢板 T 形接头垂直立角焊的评分标准

序号	考核要求	配分	评分标准	扣分	得分
1	焊前准备	10	1. 考件清理不干净，定位焊不正确扣 5 分 2. 焊接参数调整不正确扣 5 分		

续表

序号	考核要求	配分	评分标准	扣分	得分
2	外观检查	40	1. 焊缝凹度满分 7 分, >1.5 mm 扣 7 分 2. 焊缝凸度满分 7 分, >1.5 mm 扣 7 分 3. 焊缝焊脚尺寸满分 8 分, >16 mm 或 <12 mm 扣 8 分 4. 焊缝直线度满分 8 分, >2 mm 扣 8 分 5. 无咬边得 10 分,咬边≤0.5 mm,累计长度每 5 mm 扣 1 分,咬边深度 >0.5 mm,累计长度 >26 mm 扣 10 分 注:(1)焊缝表面不是原始状态,有加工、补焊、返修的现象,或有裂纹、气孔、夹渣、未焊透、未熔合等任何缺陷存在,此项考试按不合格论 (2)焊缝外观质量得分低于 24 分,此项考试按不合格论		
3	焊缝内部质量	40	在垂直于焊缝长度方向上取焊缝金相试样共 3 个面,用目视或 5 倍放大镜进行宏观检验,每个试样检查面结果: 1. 当只有≤0.5 mm 的气孔或夹渣,并且数目不多于 3 个,每出现 1 个就扣 1 分 2. 当出现 0.5~1.5 mm 的气孔或夹渣,并且数目不多于 1 个时,扣 2 分 注:当焊缝金相检查面出现裂纹、未熔合,或出现超过上述标准的气孔和夹渣,或接头根部熔深 <0.5 mm 时,此项考试按不合格论		
4	安全文明生产	10	1. 劳保用品穿戴不全,扣 2 分 2. 焊接过程中有违反安全操作规程现象,视情节扣 2~5 分 3. 考件焊完后,现场清理不干净,工具码放不整齐扣 3 分		

技能 2.3 电阻焊

2.3.1 技能目标

①掌握电阻点焊设备的结构、使用及焊接参数的调节。
②了解点焊焊接参数对熔核尺寸及接头强度的影响。
③掌握电阻焊基本操作技巧

2.3.2 所需场地、防护具、工具及设备

①场地准备:焊接实训室、电阻电焊机。
②工量具准备:焊接钢板、焊条、风帽、安全帽、护目镜、焊接工作服、焊接手套、焊接围裙、焊接护腿等。

2.3.3 相关技能知识

1.电阻点焊基本原理

将准备连接的工件置于两电极之间加压,并对焊接处通以电流,利用工件产生的热量加热并形成局部熔化(或达塑性状态),断电冷却时,在压力的继续作用下,形成牢固接头,这种工艺过程即为电阻焊。

可见,电阻焊有如下两个最显著的特点:
①采用内部热源——利用电流通过焊接区的电阻产生的热量进行加热。
②必须施加压力——在压力作用下,通电加热、冷却,形成接头。

2.电阻焊的优点

①因是内部热源,热量集中,加热时间短促,在焊点形成过程中始终被塑性环包围,故电阻焊冶金过程简单、热影响区小、变形小,易于获得质量较好的焊接接头。
②与铆接结构相比,重量轻、结构简化,易于得到形状复杂的零件。
③电阻焊因机械化、自动化程度高,可提高生产率,改善工作条件。
④表面质量较好,易于保证气密。

3.电阻焊存在的问题

①目前尚缺少简单而又可靠的无损检验方法。
②设备较复杂、功率大、投资较多、维修困难。
③焊件的尺寸、形状、厚度受到设备的限制;焊件的材料、厚度、尺寸及形状受焊机功率、机臂尺寸与结构形状的限制。
④点焊与缝焊多采用搭接接头,增加了构件的重量。

4.接头的形成

所有点焊循环皆可分为预压、加热熔化、冷却结晶 3 个阶段。第 1 阶段为预压阶段,在压力作用下,原子开始靠近,逐步消除一部分表面的不平和氧化膜,形成物理接触点。第 2 阶段

通电加热,在通电开始的一段时间内接触点扩大,固态金属因加热而膨胀,在焊接压力作用下,焊接处金属产生塑性变形,并挤向板件间缝隙中,继续加热后,开始出现熔化点,并逐步扩大成所要求的核心尺寸时切断电源。第 3 阶段冷却结晶,由减小或切断电源开始,至熔化核心完全冷却凝固后结束。

　　一个好的焊点,从外观上,要求表面压坑浅、平滑呈均匀过渡,无明显凸肩或局部挤压的表面鼓起;不允许外表有环状或径向裂纹;表面不得有熔化或黏附的铜合金。从内部看,焊点形状应规则、均匀,焊点尺寸应满足结构和强度的要求;核心内部无贯穿性或超越规定值的裂纹,结合线伸入及缩孔皆在规定范围之内;焊点核心周围无严重过热组织及不允许的缺陷。

　　5. 点焊工艺

　　焊接时间:在焊接低碳钢时,焊机可利用强规范焊接法(瞬间通电)或弱规范焊接法(长时通电)。在大量生产时,应采用强规范焊接法,它能提高生产率,减少电能消耗及减轻变形。对于强规范焊接时,焊接时间为 0.2 ~ 1.5 s。在弱规范焊接时间不大于 30 s。

　　焊接电流:焊接电流决定于焊件的大小厚度与接触表面情况。通常金属导电率越好,电极压力越大,焊接时间应越短。此时所需的电流密度也随之增大。

　　电极压力:电极对焊件施加压力的目的是保持焊件间有一定的接触电阻,减少分流现象,保证焊点的强度与紧密程度。

　　电极形状及尺寸:电极最好使用铬锆铜制成,也可用铬铝青铜制成或冷硬紫铜制成,电极接触面之直径大致为:

　　$\delta \leqslant 1.5$ mm 时,电极接触面直径$(2\delta + 3)$ mm。

　　$\delta \geqslant 2.0$ mm 时,电极接触面直径$(1.5\delta + 5)$ mm。

　　δ——两焊件中较薄的一件之厚度(mm)。

　　电极的直径不宜过小,以免引起过度发热及迅速磨损。

　　点的布置:焊点的距离越小,电流的分流现象增大,且使点焊处压力减少,从而削弱焊点之强度。对于低碳钢或不锈钢焊点中心距离$A \cong 16\delta$ mm。

　　6. 焊机的维护与安全

　　①停焊后,必须拉开电源闸刀,切除电源。

　　②施焊时,焊机外罩板应装妥,防止电火花及金属飞溅物溅入焊机内部,损坏机件,影响使用。

　　③焊后,清除杂物及金属溅沫。

　　④焊机在 0 ℃下工作时,焊后需用压缩空气吹除管路中的剩水,以免水管冻裂。

　　⑤电极触头须保持光洁,必要时可用细锉或细砂纸修。

　　⑥电源通断器的触头,必须定期修整,保持清洁,使接触可靠。必要时应更换触头。

　　⑦焊机调节和检修时,应在切断电源后进行。焊机施焊时,必须先接通冷却水路。

　　⑧焊工戴帆布手套及围身进行操作,以免被金属溅沫烫伤。

　　⑨经常检查接地螺钉及接地线,保持机壳良好接地。

　　⑩经常用不大于 4 kg/mm 的高压水流冲洗其冷却水路,尤其是发现其出水量减少或冷却水流不畅通时,要停机检查进行清洗,防止水垢或其他杂物堵塞冷却水路。

2.3.4 技能训练

1.准备工作及注意事项

钢焊件焊前需清除焊点表面的一切脏物、油污、氧化皮及铁锈。对热轧钢最好在焊接处经过酸洗或用砂纸清除氧化皮。未经清理焊件虽能进行点焊,但是严重地降低电极的使用期限,同时影响点焊的生产率和质量。

对由镀锌或镀锡的低碳钢件,可直接施焊。

焊件装配应尽可能地彼此交接,避免折边不正,圆角半径不重合及皱褶等缺陷,通常缝隙应在 0.1 ~ 0.8 mm 以内。

2.焊机调整

焊接时应先调节电极臂之位置,使电极刚压致电焊接表面时,电极臂保持相互平行,并使其适合工作行程式。接焊件厚度与材料性质,选择分级开关的挡位。电极压力的大小,可旋转调节螺母,改变压力弹簧的压缩程度获得。在完成上述调整步骤后,可接通冷却水和电源,以准备焊接。

3.焊接动作程序

①用锉刀修整上电极端部,并调整其距离适度。

②清理焊接试片,要求表面光洁,无铁锈、水分及油污。

③将焊接电流表的传感器套入焊机下机臂,并检查电流表工作是否正常。

④接通冷却水,水流应连续畅通。水流压力尽可能保持在 1 kg/cm。焊件置于两极之间,踏下脚踏板,连杆开始移动。使上电极向下作圆弧运动,并与焊件接触,开始加压。在继续踏下脚踏板时,弹簧被压缩,同时加压杆上动钩带动通断器上的活动杆,使通断器上下触点接触,使变压器接上电源,于是焊接变压器次级回路开始通电使焊接件加热。当脚踏板再继续向下时,使联动脱钩切断电源。这样焊件在电源切断后,被进一步加压,保证了可靠的焊件质量,松开脚踏板时,它即借弹簧而恢复原位,此时上电极上升,单点焊接过程即告结束。

2.3.5 模拟技能考题

1.考件材料及尺寸

①考件材料:Q235 钢板,厚 0.5 mm(3 片),厚 1.0 mm(2 片),厚 1.5 mm(1 片)。

②考件尺寸:尺寸(长 × 宽)为:100 mm × 40 mm。

③考件组合:0.5 mm + 0.5 mm 1 件;0.5 mm + 1.0 mm 1 件;1.0 mm + 1.5 mm 1 件。每个焊件上间隔 70mm 焊两点。

2.焊前准备

①设备:固定式或移动式点焊机 1 台。

②工具:钢丝刷、锤子、钢丝钳、常用锉刀、活扳手各 1 把,台虎钳、点焊试片撕裂卷轴各 1 个。

③考件要求:焊前仔细清除待焊处油、污、锈、垢,焊后保持焊缝原始状态。

3.考核内容

①考核要求。

a. 焊前准备:考核考件清理程度(焊点两侧 10~20 mm 范围内的油、污、锈、垢)、点焊参数选择正确与否、焊机状态是否良好、上下电极对中性是否良好、电极是否打磨干净。

b. 焊后外观质量:焊点的长轴、短轴差;焊点压痕深度;焊点表面过烧、有氧化物;撕开焊点后,焊点焊着面积等。

②时间定额准备时间为 15 min,正式焊接时间为 30 min(焊接时间每超过 2 min 扣 1 分,不足 2 min 也扣 1 分,超过 10 min 此次考试无效)。

③安全文明生产考核现场劳保用品穿戴情况,焊接过程是否正确执行安全操作规程,焊接完毕,操作现场是否清理干净,工具、焊件是否摆放整齐。

4. 配分、评分标准

电阻点焊碳素钢薄板的评分标准见表 2.33。

表 2.33　电阻点焊碳素钢薄板的评分标准

序号	考核要求	配分	评分标准	扣分	得分
1	焊接准备	20	1. 焊件清理不干净,扣 1~5 分 2. 点焊压力设置不正确扣 1~5 分 3. 焊接参数调整不正确扣 1~5 分 4. 电极清理不干净,调整不正确扣 1~5 分		
2	焊接过程	20	1. 焊件夹持不正确扣 10 分 2. 焊接操作不熟练扣 10 分		
3	焊后检验	50	1. 焊点长、短轴长度差 >2 mm,扣 10 分 2. 压痕深度超过 0.5 mm,扣 10 分 3. 焊点表面过烧、有氧化物,扣 10 分 4. 焊点撕开后,50% ≤焊点焊着面积≤80%,扣 20 分 5. 焊点焊着面积 <50% 或者未熔合,此项考试不合格		
4	安全文明生产	10	1. 劳保用品穿戴不全,扣 2 分 2. 焊接过程中有违反安全操作规程现象,视情节扣 2~5 分 3. 试件焊接完后,现场清理不干净,工具码放不整齐扣 3 分		

技能 2.4　手工钨极氩弧焊

2.4.1　技能目标

①掌握焊条电弧焊设备及用具使用方法。

②掌握焊条电弧焊的点燃、调节、保持和熄灭方法。

③掌握低碳钢、普通低合金钢的平对接焊条电弧焊的基本操作技能。

2.4.2　所需场地、防护具、工具及设备

①设备及场地准备:焊接实训室、焊机。

②工量具准备:焊接钢板、焊条、风帽、安全帽、护目镜、焊接工作服、焊接手套、焊接围裙、焊接护腿等。

2.4.3　相关技能知识

1.定义及原理

手工钨极氩弧焊是用钨极作为电极,利用从喷嘴喷出的氩气,在电弧及焊接熔池周围形成连续封闭的气体来保护钨极,使焊丝和焊接熔池不被外界空气氧化的一种手工操作的气体保护焊。

2.特点

手工钨极氩弧焊与其他电弧相比较,具有如下特点。

①可焊接所有工业用的金属、合金等。

②有气体保护,焊接性能好。

③无飞溅,焊后处理简单。

④适用于各种几何形状的全位置焊接。

⑤焊接范围广,从 0.3 mm 的薄板到厚板均可进行焊接。

⑥不用药剂,焊缝不存在残留药剂的腐蚀问题。

⑦焊接工艺性能好,焊缝质量高。

缺点:

①受风的影响较大,这也是气体保护焊的共同问题。

②与其他电弧焊相比,在效率及气体保护方面的造价高,焊接成本高,因此进行焊接构造钢的薄板及双面成型的作业时不太经济。

3.手工钨极氩弧焊焊接的工艺参数

手工钨极氩弧焊的工艺参数有:钨极直径、焊接电流、电弧电压、焊接速度、电源种类及极性、氩气流量、喷嘴直径、喷嘴与焊件间的距离、钨极伸出长度等。

①钨极氩弧焊可以采用交流和直流两种焊接电源,采用哪种焊接电源与所焊金属或合金种类有关。采用直流电源时还要考虑极性的选择。

②手工钨极氩弧焊时,喷嘴与焊件间的距离以 8~14 mm 为宜,若距离过大,气体保护效果差。距离过小,虽对气体保护有利,但能观察的范围和保护区域变小。

③钨极伸出长度:手工钨极氩弧焊时,为了防止电弧热烧坏喷嘴,钨极端部应突出喷嘴以外,其伸出长度一般为 3~4 mm。伸出长度过大时,气体保护效果会受到一定影响。

4. 手工钨极氩弧焊焊前准备及焊接时的操作方法

1)手工钨极氩弧焊对安全文明生产的要求

①检查作业环境:手工钨极氩弧焊焊接前应检查工作场地,具体内容如下:周围应无妨碍工作的电缆、铁片等。工作场地应无挥发油、稀料等易燃物,检查弧光、遮光设备,换气设备是否良好。

②检查安全用具:手工钨极氩弧焊时,对安全用具的检查主要是对手套、护脚布、眼镜、面罩等劳保用品进行检查。

③消耗品:主要检查对电极、喷嘴、气体、填充丝进行检查。

2)手工钨极氩弧焊的引弧和收弧

①引弧:手工钨极氩弧焊通常采用引弧器进行引弧,这种引弧的优点使钨极与焊件保持一定的距离而不接触,能在施焊点上直接引燃电弧,可使钨极端头保持完整,钨极损耗小,引弧处不会产生夹钨缺陷。

②收弧:手工钨极焊收弧方法的不正确,容易产生弧坑裂纹、气孔和烧穿等缺陷。因此应采用衰减电流的方法及电流自动由大到小的逐渐下降,以填满弧坑,一般氩弧焊机都配有自动衰减装置,收弧时通过焊枪手把上的按钮断续送电来填满弧坑,若无电流衰减装置时,可采用手工操作收弧,其要领是逐渐减少焊件热量,改变焊枪角度,稍拉长电弧,断续送电等。收弧时,填满弧坑后,慢慢提起电弧直至灭弧。不要突然拉断电弧。

3)焊前清理

焊接时应事先对焊件表面进行清理,去除焊件表面的油污、灰尘以及焊接处的铁锈等,工件清理的方法有两种。一种是机械清理法,即用金刚砂质、钢丝绒、金属丝刷、喷砂、喷丸等方法对工件表面进行清理。另一种是化学清理法,常见的有酸洗法和碱洗法。根据焊接材料不同,清理方法也不同。

4)对接平焊操作要求

①手工钨极氩弧焊通常采用左向焊法。

②引弧:在焊件的右端定位,焊缝上引弧(弧长为 4~7 mm)。

③引弧后预热引弧处采用较小的焊枪倾角和较小的焊接电流,焊丝送入要均匀,焊枪移动要平稳,速度要一致,同时要密切注意熔池的变化,随时调节有关工艺参数。保证焊缝成型良好,当熔池增大,焊缝变宽,并出现下凹时,说明熔池温度过高,应减小焊枪于焊件夹角,加快焊接速度。当熔池减小时,说明熔池温度过低,应增加焊枪于焊件夹角,减慢焊接速度。

④接头:当更换焊丝和暂停焊接时,需松开焊枪上的按钮开关,停止送丝,接头时,在弧坑右侧 15~20 mm 处引弧,缓慢向左移动,待弧坑处开始熔化,形成熔池,继续填丝焊接。

⑤收弧:当焊至焊件末端时,应减小焊枪与焊件夹角,使热量集中在焊丝上,并加大焊丝的熔化量,以填满弧坑。焊接时焊枪可做横向摆动,并在两侧停留,以保证焊道均匀。

⑥焊接结束后,关闭焊机,用钢丝刷清理焊件表面,检查焊件表面是否有气孔、裂纹、咬边等缺陷,使焊缝外观符合工艺要求。

2.4.4 技能训练

1.平板对接平焊

1）焊前准备

（1）焊件尺寸及要求

①焊件材料：Q235。

②焊件及坡口尺寸，如图2.59所示。

③焊接位置：平焊。

④焊接要求：单面焊双面成型。

⑤焊接材料：焊丝为H08Mn2SiA。电极为铈钨极，为使电弧稳定，将其尖角磨成如图2.60所示的形状，氩气纯度99.99%。

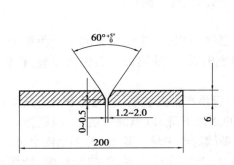

图2.59　焊件及坡口尺寸

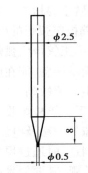

图2.60　钨极尺寸

（2）准备工作

①选用钨极氩弧焊机，采用直流正接。使用前应检查焊机各处的接线是否正确、牢固、可靠，按要求调试好焊接工艺参数。同时应检查氩弧焊系统的水冷却和气冷却有无堵塞、泄露，如发现故障应及时解决。

②清理坡口及其正、反两面两侧20 mm范围内和焊丝表面的油污、锈蚀，直至露出金属光泽，然后用丙酮进行清洗。

③准备好工作服、焊工手套、护脚、面罩、钢丝刷、锉刀、角向磨光机和焊缝量尺等。

（3）试件装配

①装配间隙为1.2~2.0 mm。

②定位焊采用手工钨极氩弧焊，按表2.34中打底焊接工艺参数在试件正面坡口内两端进行定位焊，焊点长度为10~15 mm，将焊点接头端预先打磨成斜坡。

③错边量≤0.6 mm。

2）焊接参数

焊件工艺参数见表2.34。

表 2.34   薄板 V 形坡口平焊位置手工钨极氩弧焊焊接工艺参数

焊接层次	焊接电流 /A	电弧电压 /V	氩气流量 /(L·mm^{-1})	钨极直径 /mm	焊丝直径 /mm	钨极伸出长度/mm	喷嘴直径 /mm	喷嘴至工件距离/mm
打底焊	80 ~ 100							
填充焊	90 ~ 100	10 ~ 14	8 ~ 10	2.5	2.5	4 ~ 6	8 ~ 10	≤12
盖面焊	100 ~ 110							

3）操作要点及注意事项

因为钨极氩弧焊对熔池的保护及可见性好,熔池温度又容易控制,所以不易产生焊接缺陷,适合于各种位置的焊接。对于本实例的焊接操作技能要求如下:

（1）打底焊

手工钨极氩弧焊通常采用左向焊法（焊接过程中焊接热源从接头右端向左端移动,并指向待焊部分的操作法）,故将试件装配间隙大端放在左侧。

①引弧。在试件右端定位焊缝上引弧。引弧时采用较长的电弧（弧长为 4 ~ 7 mm）,使坡口外预热 4 ~ 5 s。

②焊接。引弧后预热引弧处,当定位焊缝左端形成熔池并出现熔孔后开始送丝。焊接打底层时,采用较小的焊枪倾角和较小的焊接电流。由于焊接速度和送丝速度过快,容易使焊缝下凹或烧穿,因此焊丝送入要均匀,焊枪移动要平稳、速度一致。焊接时,要密切注意焊接熔池的变化,随时调节有关工艺参数,保证背面焊缝成型良好。当熔池增大、焊缝变宽并出现下凹时,说明熔池温度过高,应减小焊枪与焊件夹角,加快焊接速度;当熔池减小时,说明熔池温度过低,应增加焊枪与焊件夹角,减慢焊接速度。

③接头。当更换焊丝或暂停焊接时,需要松开焊枪上按钮开关（使用接触引弧焊枪时,立即将电弧移至坡口边缘上快速灭弧）,停止送丝,借焊机电流衰减熄弧,但焊枪仍需对准熔池进行保护,待其完全冷却后方能移开焊枪。若焊机无电流衰减功能,应在松开按钮开关后稍抬高焊枪,待电弧熄灭、熔池完全冷却后移开焊枪。进行接头前,应先检查接头熄弧处弧坑质量。如果无氧化物等缺陷,则可直接进行接头焊接。如果有缺陷,则必须将缺陷修磨掉,并将其前端打磨成斜面,然后在弧坑右侧 15 ~ 20 mm 处引弧,缓慢向左移动,待弧坑处开始熔化形成熔池和熔孔后,继续填丝焊接。

④收弧。当焊至试件末端时,应减小焊枪与试件夹角,使热量集中在焊丝上,加大焊丝熔化量以填满弧坑。切断控制开关,焊接电流将逐渐减小,熔池也随着减小,将焊丝抽离电弧（但不离开氩气保护区）。停弧后,氩气延时约 10 s 关闭,从而防止熔池金属在高温下氧化。

（2）填充焊

按表 2.34 中填充层焊接工艺参数调节好设备,进行填充层焊接,其操作与打底层相同。焊接时焊枪可做圆弧"之"字形横向摆动,其幅度应稍大,并在坡口两侧停留,保证坡口两侧熔合好,焊道均匀。从试件右端开始焊接,注意熔池两侧熔合情况,保证焊缝表面平整且稍下凹。盖面层的焊道焊完后应比焊件表面低 1.0 ~ 1.5 mm,以免坡口边缘熔化导致盖面层产生咬边或焊偏现象,焊完后将焊道表面清理干净。

（3）盖面焊

按表2.34中盖面层焊接工艺参数调节好设备进行盖面层焊接,其操作与填充层基本相同,但要加大焊枪的摆动幅度,保证熔池两侧超过坡口边缘0.5~1 mm,并按焊缝余高决定填丝速度与焊接速度,尽可能保持焊缝速度均匀,熄弧时必须填满弧坑。

4）焊后清理检查

焊接结束后,关闭焊机,用钢丝刷清理焊缝表面;用肉眼或低倍放大镜检查焊缝表面是否有气孔、裂纹、咬边等缺陷;用焊缝量尺测量焊缝外观成形尺寸。

5）注意事项

手工钨极氩弧焊时,为保证焊接强度,需要插入适量的填充焊丝,填充焊丝一定要在熔池里熔化,焊丝应快速插入,填充焊丝的角度为10°~15°。用插入量来决定焊缝余高量。要在氩气范围中插入,手工钨极氩弧焊时填充焊丝的直径应根据焊接电流的大小进行选择。

2. 大直径、中厚壁管道水平固定对接打底焊

1）焊前准备

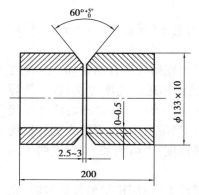

图2.61　焊件及坡口尺寸

（1）焊件尺寸及要求

①焊件材料:20钢。

②焊件及坡口尺寸如图2.61所示。

③焊接位置:水平固定。

④焊接要求:单面焊双面成型。

⑤焊接材料:焊丝为H08Mn2SiA;电极为铈钨极;填充、盖面电焊条为E5015（J507）。

（2）准备工作

①打底焊时,选用WS7—400逆变式高频氩弧焊机,采用直流正接,选用空冷式焊枪;盖面焊时,选用ZX7—400st逆变式直流手工焊/钨极氩弧焊两用焊机,采用直流反接（若使用该焊机打底,引弧应采用接触引弧）。使用前,应检查焊机各处的接线是否正确、牢固、可靠;按要求调试好焊接工艺参数。应检查氩弧焊系统的水、气冷却有无堵塞、泄漏,如发现故障应及时解决。同时应检查焊条质量,不合格者不能使用,焊接前焊条应严格按照规定的温度和时间进行烘干,而后放在保温筒内随用随取。

②清理坡口及其正、反两面两侧20 mm范围内和焊丝表面的油污、锈蚀,直至露出金属光泽,然后用丙酮进行清洗。

③准备好工作服、焊工手套、护脚、面罩、钢丝刷、锉刀、角向磨光机和焊口检测尺等。

（3）试件装配

①装配间隙为2.5~3 mm。

②定位焊采用手工钨极氩弧焊两点定位,定位焊长度为10~15 mm。定位焊位置分别位于管道横截面上相当于"时钟2点"和"时钟10点"位置,如图2.62所示。焊点接头端预先打磨成斜坡,试件装配最小间隙应位于截面上"时钟6点"位置,将试件固定于水平位置。

③错边量≤1.0 mm。

2）焊接参数

焊件工艺参数见表2.35。

表 2.35　大直径中厚壁管水平固定对接焊焊接工艺参数

焊接方法与层次	焊接电流/A	电弧电压/V	氩气流量/(L·mm⁻¹)	钨极直径/mm	焊丝/条直径/mm	钨极伸出长度/mm	喷嘴直径/mm	喷嘴至工件距离/mm
氩弧焊打底（1 层）	105 ~ 120	10 ~ 13	8 ~ 10	2.5	2.5	4 ~ 6	8 ~ 10	≤10
焊条电弧焊填充（2 层）	95 ~ 105	22 ~ 28	—		3.2	—	—	—
焊条电弧焊盖面（3 层）	105 ~ 120	22 ~ 28	—		3.2	—	—	—

3）操作要点及注意事项

焊缝分左右两个半圈进行，在仰焊位置起焊，平焊位置收弧，每个半圈都存在仰、立、平 3 个不同位置。

（1）钨极氩弧焊打底

①引弧在管道横截面上相当于"时钟 5 点"位置（焊右半圈）和"时钟 7 点"位置（焊左半圈）如图 2.62 所示。引弧时，钨极端部应离开坡口面 1 ~ 2 mm。利用高频引弧装置引燃电弧；引弧后先不加焊丝，待根部钝边熔化形成熔池后，即可填丝焊接。为使背面成形良好，熔化金属应送至坡口根部。为防止始焊处产生裂纹，始焊速度应稍慢并多填焊丝，以使焊缝加厚。

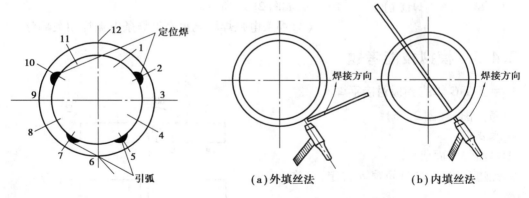

图 2.62　定位焊、引弧处示意图　　　图 2.63　两种不同填丝方法

②送丝在管道根部横截面上相当于"时钟 4 点"至"时钟 8 点"位置采用内填丝法［图 2.63（b）］，即焊丝处于坡口钝边内。在焊接横截面上相当于"时钟 4 点"至"时钟 12 点"或"时钟 8 点"至"时钟 12 点"位置时，则应采用外填丝法［图 2.63（a）］。若全部采用外填丝法，则坡口间隙应适当减小，一般为 1.5 ~ 2.5 mm。在整个施焊过程中，应保持等速送丝，焊丝端部始终处于氩气保护区内。

③焊枪、焊丝与管的相对位置钨极与管子轴线成 90°，焊丝沿管子切线方向，与钨极成 100° ~ 110°。当焊至横截面上相当于"时钟 10 点"至"时钟 2 点"的斜平焊位置时，焊枪略后倾。此时焊丝与钨极成 100° ~ 120°。

④焊接引燃电弧、控制电弧长度为 2～3 mm。此时,焊枪暂留在引弧处,待两侧钝边开始熔化时立刻送丝,使填充金属与钝边完全熔化形成明亮清晰的熔池后,焊枪匀速上移。伴随连续送丝,焊枪同时做小幅度锯齿形横向摆动。仰焊部位送丝时,应有意识地将焊丝往根部"推",使管壁内部的熔池成形饱满,以避免根部凹坑。当焊至平焊位置时,焊枪略向后倾,焊接速度加快,以避免熔池温度过高而下坠。若熔池过大,可利用电流衰减功能,适当降低熔池温度,以避免仰焊位置出现凹坑或其他位置出现凸出。

⑤接头,若施焊过程中断或更换焊丝时,应先将收弧处焊缝打磨成斜坡状,在斜坡后约 10 mm 处重新引弧,电弧移至斜坡内时稍加焊丝,当焊至斜坡端部出现熔孔后,立即送丝并转入正常焊接。焊至定位焊缝斜坡处接头时,电弧稍作停留,暂缓送丝,待熔池与斜坡端部完全熔化后再送丝。同时,焊枪应做小幅度摆动,使接头部位充分熔合,形成平整的接头。

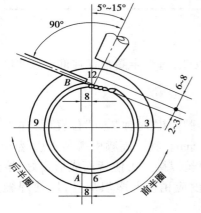

图 2.64 焊丝与焊枪角度

⑥收弧时,应向熔池送入 2～3 滴填充金属使熔池饱满,同时将熔池逐步过渡到坡口侧,然后切断控制开关,电流衰减熔池温度逐渐降低,熔池由大变小,形成椭圆形。电弧熄灭后,应延长对收弧处氩气保护,以避免氧化,出现弧坑裂纹及缩孔。

前半圈焊完后,应将仰焊起弧处焊缝端部修磨成斜坡状。后半圈施焊时,仰焊部位的接头方法与上述接头焊相同,其余部位焊接方法与前半圈相同。当焊至横截面上相当于"时钟 12 点"位置收弧时,应与前半圈焊缝重叠 5～10 mm,如图 2.64 所示。

(2)焊条电弧焊填充盖面见焊条电弧焊相关部分。

2.4.5 模拟技能考题

1.手工 TIG 焊的钢板对接平焊

1)考件图样(图 2.65)

技术要求:

①单面焊双面成型。

②钝边高度 p,坡口间隙 b 自定,允许采用反变形。

③打底层焊缝表面允许打磨。

④名称:手工 TIG 焊的钢板对接平焊。

⑤材料:Q235 钢板。

2)焊前准备

①设备:WS-300 直流 TIG 焊机 1 台。

②焊丝型号:ER50-2,直径为 2.5 mm。

③钨极:WCe-5,直径为 2.5 mm。

④氩气:1 瓶。

⑤工具:氩气流量计 1 个,钢丝刷、锤

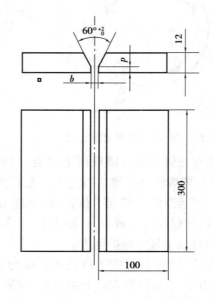

图 2.65 手工 TIG 焊的钢板对接平焊

子、钢丝钳、常用锉刀、活扳手各 1 把,台虎钳、台式砂轮、角向磨光机各 1 台。

⑥考件尺寸:尺寸(厚×长×宽)为:6 mm×300 mm×100 mm,共 2 块。

⑦考件要求:考件两端不得安装引弧板和引出板,焊前仔细清除待焊处油、污、锈、垢,焊后仔细清除焊缝焊渣,并保持焊缝原始状态。

3)考核内容

①考核要求。

a.焊前准备:考核考件清理程度(坡口两侧 10~20 mm 范围内的油、污、锈、垢)、定位焊正确与否(定位焊缝长度≥20 mm)、焊接参数选择正确与否。

b.焊缝外观质量:考核焊缝余高、余高差、焊缝宽度差、直线度、角变形、错边、咬边、背面凹坑深度等。

c.焊缝内部质量:射线探伤后,按《承压设备无损检测》(JB/T 4730—2005)标准要求检查焊缝内部质量。

②时间定额准备时间为 20 min,正式焊接时间为 40 min(焊接时间每超过 5 min 扣 1 分,不足 5 min 也扣 1 分,超过 10 min 此次考试无效)。

③安全文明生产考核现场劳保用品穿戴情况,焊接过程是否正确执行安全操作规程,焊接完毕,操作现场是否清理干净,工具、焊件是否摆放整齐。

4)配分、评分标准

手工 TIG 焊的钢板对接平焊的评分标准见表 2.36。

表 2.36　手工 TIG 焊的钢板对接平焊的评分标准

序号	考核要求	配分	评分标准	扣分	得分
1	焊前准备	10	1.考件清理不干净,定位焊不正确扣 1~5 分 2.焊接参数调整不正确扣 1~5 分		
2	外观检查	40	1.焊缝余高满分 4 分,<0 或>4 mm 得 0 分,1~2 得 4 分 2.焊缝余高差满分 4 分,>2 mm 扣 4 分 3.焊缝宽度差满分 4 分,>3 mm 扣 4 分 4.背面焊缝余高满分 4 分,>3 mm 扣 4 分 5.焊缝直线度满分 4 分,>2 mm 扣 4 分 6.角变形满分 4 分,>3°扣 4 分 7.无错边得 4 分,>1.2 mm 扣 4 分 8.背面凹坑深度满分 4 分,>1.2 mm 或长度>26 mm 扣 4 分(续) 9.无咬边得 8 分,咬边≤0.5 mm 或累计长度每 5 mm 扣 1 分,咬边深度>0.5 mm 或累计长度>26 mm 扣 8 分 注:(1)焊缝表面不是原始状态,有加工、补焊、返修的现象,或有裂纹、气孔、夹渣、未焊透、未熔合等任何缺陷存在,此项考试按不合格论 (2)焊缝外观质量得分低于 24 分,此项考试按不合格论		
3	焊缝内部质量	40	射线探伤后,按 JB/T 4730—2005 评定,焊缝质量达到Ⅰ级扣 0 分 焊缝质量达到Ⅱ级扣 10 分 焊缝质量达到Ⅲ级,此项考试按不合格论		

续表

序号	考核要求	配分	评分标准	扣分	得分
4	安全文明生产	10	1. 劳保用品穿戴不全,扣 2 分 2. 焊接过程中有违反安全操作规程现象,视情节扣 2~5 分 3. 试件焊完后,现场清理不干净、工具码放不整齐扣 3 分		

2. 小径管垂直固定对接手工 TIG 焊打底,焊条电弧焊盖面

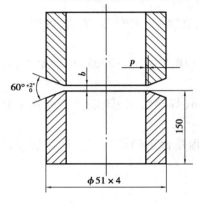

图 2.66　小径管垂直固定对接手工 TIG 焊打底,焊条电弧焊盖面

1)考件图样(图 2.66)

技术要求:

①单面焊双面成型。

②钝边高度 p,坡口间隙 b 自定,允许采用反变形。

③打底层焊缝允许打磨。

④名称:小径管垂直固定对接手工 TIG 焊打底,焊条电弧焊盖面。

⑤材料:20 钢管。

2)焊前准备

①设备:WS-300 直流 TIG 焊机,BX3-500 交流弧焊变压器各 1 台。

②焊丝、焊条型号:ER50-2,直径为 2.5 mm;E4303,直径为 2.5 mm。

③钨极:WCe-55,直径为 2.5 mm。

④氩气:1 瓶。

⑤工具:气体流量计 1 个,钢丝刷、锤子、钢丝钳、常用锉刀、活扳手各 1 把,台虎钳、台式砂轮、角向磨光机各 1 台。

⑥考件材料及尺寸:20 钢管,51 mm×4 mm×150 mm 2 节。

⑦考件要求:焊前仔细清除待焊处油、污、锈、垢,焊后仔细清除焊缝焊渣,并保持焊缝原始状态。

3)考核内容

①考核要求。

a. 焊前准备:考核考件清理程度、定位焊正确与否、焊接参数选择正确与否。

b. 焊缝外观质量:考核焊缝余高、余高差、焊缝宽度差、直线度、角变形、错边、咬边、背面凹坑深度等。

c. 焊缝内部质量:射线探伤后,按《承压设备无损检测》(JB/T 4730—2005)标准要求检查焊缝内部质量。

②时间定额准备时间为 20 min,正式切割时间为 30 min(焊接时间每超过 5 min 扣 1 分,不足 5 min 也扣 1 分,超过 10 min 此次考试无效)。

③安全文明生产考核现场劳保用品穿戴情况,焊接过程是否正确执行安全操作规程,焊

接完毕,操作现场是否清理干净,工具、焊件是否摆放整齐。

4)配分、评分标准

小径管垂直固定对接手工 TIG 焊的评分标准见表2.37。

表2.37　小径管垂直固定对接手工 TIG 焊的评分标准

序号	考核要求	配分	评分标准	扣分	得分
1	焊前准备	10	1.考件清理不干净,定位焊不正确扣5分 2.焊接参数调整不正确扣5分		
2	外观检查	40	1.余高满分6分,<0 或 >3 mm 得0分,1~2得6分 2.焊缝余高差满分6分,>2 mm 扣6分 3.焊缝宽度差满分6分,>3 mm 扣6分 4.焊缝背面余高满分4分,>3 mm 扣4分 5.无咬边得10分,咬边≤0.5 mm,累计长度每5 mm 扣1分,咬边深度>0.5 mm 或累计长度>40 mm 扣10分 6.焊缝直线度满分4分,>2 mm,扣4分 7.焊缝背面凹坑深度0~2 mm,满分4 mm,长度≤80 mm,每20 mm 扣1分 注:(1)焊缝表面不是原始状态,有加工、补焊、返修的现象,或有裂纹、气孔、夹渣、未焊透、未熔合等任何缺陷存在,此项考试按不合格论 (2)焊缝外观质量得分低于24分,此项考试按不合格论		
3	焊缝内部质量	40	射线探伤后,按 JB/T 4730—2005 评定,焊缝质量达到 Ⅰ 级扣0分 焊缝质量达到 Ⅱ 级扣10分 焊缝质量达到 Ⅲ 级,此项考试按不合格论		
4	安全文明生产	10	1.劳保用品穿戴不全,扣2分 2.焊接过程中有违反安全操作规程现象,视情节扣2~5分 3.试件焊完后,现场清理不干净,工具码放不整齐扣3分		

3. 大径管水平固定对接手工 TIG 焊打底,焊条电弧焊盖面

1)考件图样(图2.67)

技术要求:

①单面焊双面成型。

②钝边高度 p、坡口间隙 b 自定,允许采用反变形。

③打底层焊缝允许打磨。

④名称:大径管水平固定对接手工 TIG 焊打底,焊条电弧焊盖面。

⑤材料:20 钢管。

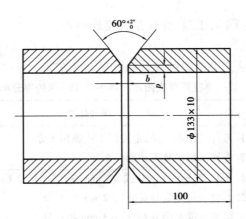

图 2.67　大径管水平固定对接手工 TIG 焊打底,焊条电弧焊盖面

2)焊前准备

①设备:WS-300 直流 TIG 焊机,BX3-500 交流弧焊变压器各 1 台。

②焊丝、焊条型号:ER50-2,直径为 2.5 mm;E4303,直径为 3.2 mm。

③钨极:WCe-5,直径为 2.5 mm。

④氩气:1 瓶。

⑤工具:气体流量计 1 个、钢丝刷、锤子、钢丝钳、常用锉刀、活扳手各 1 把,台虎钳、台式砂轮、角向磨光机各 1 台。

⑥考件材料及尺寸:20 钢管,133 mm×10 mm×100 mm 2 节。

⑦考件要求:焊前仔细清除待焊处油、污、锈、垢,焊后仔细清除焊缝焊渣,并保持焊缝原始状态。

3)考核内容

①考核要求。

a.焊前准备:考核考件清理程度、定位焊正确与否、焊接参数选择正确与否。

b.焊缝外观质量:考核焊缝余高、余高差、焊缝宽度差、直线度、角变形、错边、咬边和背面凹坑深度等。

c.焊缝内部质量:射线探伤后,按《承压设备无损检测》(JB/T 4730—2005)标准要求检查焊缝内部质量。

②时间定额准备时间为 20 min,正式焊接时间为 60 min(焊接时间每超过 5 min 扣 1 分,不足 5 min 也扣 1 分,超过 10 min 此次考试无效)。

③安全文明生产考核现场劳保用品穿戴情况,焊接过程是否正确执行安全操作规程,焊接完毕,操作现场是否清理干净、工具、焊件是否摆放整齐。

4)配分、评分标准

大径管水平固定对接手工 TIG 焊打底的评分标准见表 2.38。

表 2.38　大径管水平固定对接手工 TIG 焊打底的评分标准

序号	考核要求	配分	评分标准	扣分	得分
1	焊前准备	10	1.考件清理不干净,定位焊不正确扣 5 分 2.焊接参数调整不正确扣 5 分		

续表

序号	考核要求	配分	评分标准	扣分	得分
2	外观检查	40	1. 余高满分6分，<0或>3 mm得0分，1~2得6分 2. 焊缝余高差满分6分，>2 mm扣6分 3. 焊缝宽度差满分6分，>3 mm扣6分 4. 焊缝背面余高满分4分，>3 mm扣4分 5. 无咬边得10分，咬边≤0.5 mm，累计长度每5 mm扣1分，咬边深度>0.5 mm或累计长度>40 mm扣10分 6. 焊缝直线度满分4分，>2 mm，扣4分 7. 焊缝背面凹坑深度0~2 mm，满分4 mm，长度≤80 mm，每20 mm扣1分 注：(1)焊缝表面不是原始状态，有加工、补焊、返修的现象，或有裂纹、气孔、夹渣、未焊透、未熔合等任何缺陷存在，此项考试按不合格论 (2)焊缝外观质量得分低于24分，此项考试按不合格论		
3	焊缝内部质量	40	射线探伤后，按JB/T 4730—2005评定，焊缝质量达到Ⅰ级扣0分 焊缝质量达到Ⅱ级扣10分 焊缝质量达到Ⅲ级，此项考试按不合格论		
4	安全文明生产	10	1. 劳保用品穿戴不全，扣2分 2. 焊接过程中有违反安全操作规程现象，视情节扣2~5分 3. 试件焊完后，现场清理不干净，工具码放不整齐扣3分		

技能 2.5　埋弧焊

2.5.1　技能目标

①掌握埋弧焊设备及用具使用方法。
②掌握低碳钢、普通低合金钢的平对接埋弧焊的基本操作技能。
③掌握埋弧焊基本焊接技巧。

2.5.2　所需场地、防护具、工具及设备

①设备及场地准备：焊接实训室、焊机。
②工量具准备：焊接钢板、焊条、风帽、安全帽、护目镜、焊接工作服、焊接手套、焊接围裙、焊接护腿等。

2.5.3　相关技能知识

1.埋弧焊工艺特点

埋弧焊又称熔剂层下自动电弧焊。它是一种电弧在颗粒状焊剂层下燃烧的自动电弧焊接方法，是目前仅次于焊条电弧焊的应用最广泛的一种焊接方法。

2.平敷焊的焊接操作技巧

（1）空车练习

焊工在进行正式埋弧焊的操作之前，应对埋弧焊的基本操作技能进行空车练习，直到熟练为止。

空车练习是指熟悉焊接小车上几个主要按钮的作用及使用方法。首先将连接电源网路的刀开关合上亨接通控制线路电源，将焊接小车上的控制旋钮 9 拨到空载位置（图 2.68）。

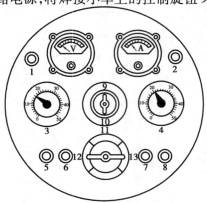

图 2.68　ZX-1000 型弧焊整流器控制盘
1—启动按钮；2—停止按钮；3—电弧电压调整器；4—焊接速度调整器；
5—焊丝向上按钮；6—焊丝向下按钮；7—电流增大按钮；8—电流减小按钮；
9—空载位置；10—焊接位置；11—小车停止位置；12—小车向前位置；13—小车向后位置

①电流调节分别按下按钮 7 电流增大和按钮 8 电流减小，弧焊变压器中的电流调节活动铁心即开始前后移动，通过弧焊变压器外壳上的电流指示器，可以预先初步知道焊接电流的近似数值。如果采用弧焊发电机或弧焊整流器作为埋弧焊的焊接电源，则在空载时无法确定焊接电流值，真正的焊接电流值要待电弧引燃后从小车控制盘上的电流表上才能读出。

②焊丝送进速度调节分别按下按钮 5 焊丝向上和按钮 6 焊丝向下，焊丝即自动地上抽或下送，此时应检查焊丝的上、下运动是否灵活，有无故障。然后转动调节旋钮 3 电弧电压调整器调节焊丝送丝速度，此时电弧电压即发生改变，但所需的电弧电压值要待电弧引燃后从小车控制盘上的电压表上才能读出。

③小车行走速度调节。小车行走速度即焊接速度。先拨动旋钮 12、13；检查小车能否前后（左右）移动行走，然后转动旋钮 4 焊接速度调整器调节小车行走速度。但必须注意，旋钮盘上的数字并不代表具体的焊接速度值，所需的焊接速度可凭经验或实测得到。

（2）引弧和收弧练习

将焊接小车控制盘上的电弧电压调整器 3 和焊接速度调整器 4 旋钮拨到预定位置，将焊接小车推到焊件上，用焊丝向上按钮 5 和焊丝向下按钮 6 调节焊丝，使焊丝末端与焊件轻微接触，注意不要使焊丝对焊件顶得太紧，以推动焊接小车时焊丝能在焊件表面上擦动为合适。然后闭合离合器、将空载气焊接旋钮拨到焊接位置 10，小车行走方向旋钮拨到所需的焊接方向 12 或 13；在焊剂漏斗中添满焊剂，打开漏斗下部的阀门，使焊剂撒向焊丝末端与焊件接触处，盖满为止。

①引弧。按起动按钮 1，焊丝即自动往上抽动电弧开始引燃，向上抽到一定程度后（所需的电弧电压值即一定的电弧长度），即不再向上抽而改为往下送丝。此时焊接小车亦按预定方向开始行走，焊机进入正常的焊接过程。如果按起动按钮后，焊丝不能向上抽引燃电弧，而是将焊接小车顶起，表明焊丝与焊件接触太紧。这时可用钢丝钳将焊丝剪断，再重复开始引弧。

②收弧。按停止按钮 2 焊丝停止下送，电弧逐渐拉长直至熄灭。此时焊接小车亦同时停止行走，焊接过程宣告结束。按停止按钮的关键动作应分两步，开始先轻轻往里按，使焊丝停止输送；然后再按到底可切断电源。如果把按钮一按到底，则焊丝送进与焊接电源同时切断。由于送丝电动机运转时具有惯性，所以会继续往下送一段焊丝，这时焊丝就会插入金属熔池之中，会发生焊丝与焊件粘住的现象。当导电嘴较低或电弧电压过高时，采用这种方法收弧，电弧可能返烧到导电嘴，甚至将焊丝与导电嘴熔合在一起。

（3）操作技术

初步练习操作时可采用直径 4 mm 的焊丝，焊剂牌号 HJ431，配合 H08A 焊丝。选定焊接参数为：焊接电流 640 ~ 680 A，电弧电压 34 ~ 36 V，焊接速度 36 ~ 40 m/h，焊丝和焊件都不作倾斜。

将焊接小车放在焊车导轨上，开亮焊接小车前端的照明指示灯，调节小车前后移动的手把，使导向针在指示灯照射下的影子对准基准线，导向针端部与焊件表面要留出 2 ~ 3 mm 间隙，以免焊接过程中与焊件摩擦产生电弧，甚至短路使主电弧熄灭。导向针应比焊丝超前一定的距离，以免受到焊剂的阻挡影响观察。焊前先将离合器松开，用手将焊接小车在导轨上推动，观察导向针的影子是否始终照射在基准线上以观察导轨与基准线的平行度。如果出现偏移,可轻敲导轨,进行调整,导向针调整好以后,在焊接过程中不要再去碰动,否则会造成错误指示使焊缝焊偏。最后打开焊剂漏斗阀门待焊剂堆满预焊部位后,即可开始引弧焊接。

焊接过程中,应随时观察控制盘上电流表和电压表的指针、导电嘴的高低、导向针的位置和焊缝成型。如果电流表和电压表的指针摆动很小,表明焊接过程很稳定。如果发现指针摆动幅度增大、焊缝成型恶化时,可随时调整控制盘上各个旋钮。当发现导向针偏离基准线时,可调节小车前后移动的手轮,调节时操作者所站的位置要与基准线对正,以防更偏。

初步练习技能掌握以后,首先焊工可用同一直径的焊丝采用不同的焊接电流、电弧电压和焊接速度进行平敷焊练习;然后用不同直径的焊丝采用不同的焊接参数进行平敷焊练习。最后去除焊缝表面渣壳,用焊缝万能量规测量焊缝外表几何尺寸余高、焊缝宽度等。

将试板横向切开(采用气割或金属切削切割),打磨后用金相腐蚀,显露焊缝断面形状,用焊缝万能量规测量焊缝厚度。将以上数据进行整理归纳,便得出埋弧焊时焊接参数对焊缝形状尺寸影响的实测数据,为整个埋弧焊操作训练中灵活选取焊接参数打下基础。

2.5.4 技能训练

Ⅰ形坡口平板对接焊的操作技术

1.焊前准备

(1)焊机及原材料

BX-330型弧焊变压器1台,MZ-1000型埋弧焊机1台,E4303焊条,直径4 mm;焊剂牌号HJ431,配合焊丝H08A,直径4 mm;焊件为Q235-A低碳钢,厚度12 mm,长×宽尺寸为500 mm×250 mm,辅助工具和量具。

(2)装配定位

不留间隙平板对接平焊对焊件的边缘加工和装配质量要求较高,焊件边缘必须平直,装配间隙应小于1mm,间隙大了容易造成烧穿或熔池金属和熔渣从间隙中流失。

两块钢板用定位焊缝进行固定。定位焊的目的是保证焊件固定在预定的相对位置上,所以定位焊缝应能承受结构自重和焊接应力而不破裂,由于埋弧焊时第一条焊缝产生的应力比焊条电弧焊大得多,因此埋弧焊定位焊缝的长度应比焊条电弧焊加长一点,通常可以在300~350 mm长度内焊一条定位焊缝,其焊缝长度为50~70 mm,定位焊用焊条型号E4303,直径4 mm。定位焊后,应及时将焊缝上的渣壳清除干净,再检查定位焊缝表面有无裂纹等缺陷。如果发现缺陷,应将该段定位焊缝彻底铲除,重新施焊。

埋弧焊时,由于在焊接起始阶段焊接参数不够稳定,达到预定的焊缝厚度要有一个过程;而在焊缝收尾时,由于熔池冷却收缩会出现弧坑。这两种情况都会影响焊接质量,甚至产生缺陷。为了弥补这个不足,应该在试板两端分别焊上一块引弧板和引出板。焊接开始时在引弧板上起弧,结束时在引出板上收弧。焊接结束以后,将这两块板用气割割除。引弧板和引出板应该采用和试板相同的材料,其厚度亦应与试板相等以便两面同时使用,其长度为100~150 mm,宽度为100~150 mm,保证引弧板和引出板的宽度,是为了避免焊接引弧和收弧时焊剂的散失。

(3)选用焊接参数

焊工操作练习时,由于试板厚度为12 mm,可根据板厚查询表格选取相应的参数。

2. 焊接操作

试板采用双面焊,先焊正面焊缝,焊接方法同平敷焊。为了保证焊缝有足够的厚度,又不至于烧穿,焊正面焊缝时,焊缝厚度应为试板厚度的 40% ~ 50%。在实际焊接过程中,这个厚度无法直接测出,而是将焊接试板略为垫高一点,通过观察熔池背面母材的颜色来间接给予判断。如果熔池背面的母材金属呈红到淡黄色(焊件越薄,颜色应越浅),就表示达到了所需要的厚度。此外当焊接电流较大、电弧电压较低、焊接速度较快时,焊缝背面母材的加热面积前端呈尖形,颜色又呈淡黄或白亮色,则焊件已接近焊穿,应立即减小焊接电流或适当提高电弧电压(因为此时焊接速度已较快,再提高焊接速度会使焊缝成型变坏,故不能再调整焊接速度);若此时颜色较深或较暗,说明焊接速度太快,应适当降低焊接速度或适当增加焊接电流。而在焊接电流较大、电弧电压较低、焊接速度较慢时,加热面积前端呈圆形,若颜色为浅色,则应适当提高焊接速度;若颜色为深色,则应适当增加焊接电流,正面焊缝焊完后,将试板翻身进行反面焊缝的焊接。

为了保证焊透,焊缝厚度应达到焊件厚度的 60% ~ 70%。反面焊缝焊接时,可采用较大的焊接电流。其目的是达到所需的焊缝厚度同时起到封底的作用。由于正面焊缝已经焊毕,较大的焊接电流也不会使试板烧穿。

全部焊完以后,去除焊缝表面渣壳,检查焊缝的外表质量。

2.5.5　模拟技能考题

Q235 钢板的对接埋弧焊

1)考件图样(图 2.69)

技术要求:

①双面成型。

②坡口间隙 b 自定,允许采用反变形。

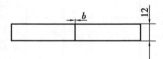

③允许采用引弧板、引出板。

④名称:Q235 钢板的对接埋弧焊。

⑤材料:Q235 钢板。

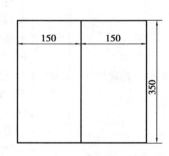

2)焊前准备

①设备:MZ-1000 型埋弧焊机、交流弧焊变压器机各 1 台。

②焊丝:H08A,直径为 5 mm。

③焊剂:HJ431。

图 2.69　Q235 钢板的对接埋弧焊

④定位用焊条:E4303,直径为 3.2 mm。

⑤工具:钢丝刷、锤子、钢丝钳、常用锉刀、活扳手各 1 把,台虎钳、焊剂烘干箱、角向磨光机各 1 台。

⑥焊件尺寸:尺寸(厚×长×宽)为:12 mm ×350 mm ×150 mm,2 块板。

⑦引弧板/引出板:尺寸(厚×长×宽)为:12 mm ×100 mm ×100 mm,4 块板。

⑧考件要求:考件两端安装引弧板和引出板,焊前仔细清除待焊处油、污、锈、垢,焊后仔细清除焊缝焊渣,并保持焊缝原始状态。

3）考核内容

①考核要求。

a. 焊前准备：考核考件清理程度（坡口两侧 10~20 mm 范围内的油、污、锈、垢）、定位焊正确与否（定位焊长度≥20 mm）、焊接参数选择正确与否。

b. 焊缝外观质量：考核焊缝余高、余高差、焊缝宽度差、直线度、角变形、错边、咬边等。

c. 焊缝内部质量：射线探伤后，按《承压设备无损检测》（JB/T 4730—2005）标准要求检查焊缝内部质量。

②时间定额准备时间为 15 min，正式焊接时间为 20 min（焊接时间每超过 5 min 扣 1 分，不足 5 min 也扣 1 分，超过 10 min 此次考试无效）。

③安全文明生产考核现场劳保用品穿戴情况，焊接过程是否正确执行安全操作规程，焊接完毕，操作现场是否清理干净，工具、焊件是否摆放整齐。

4）配分、评分标准

Q235 钢板对接埋弧焊的评分标准见表 2.39。

表 2.39　Q235 钢板对接埋弧焊的评分标准

序号	考核要求	配分	评分标准	扣分	得分
1	焊前准备	10	1. 焊件清理不干净，引弧板定位不正确，扣 2 分 2. 焊接参数调整不正确，扣 3 分 3. 焊剂填装不正确，扣 2 分 4. 送丝系统设置不正确，扣 3 分		
2	外观检查	40	1. 焊缝余高满分 5 分，>3 mm 得 0 分，扣 5 分 2. 焊缝余高差满分 5 分，>2 mm 扣 5 分 3. 焊缝宽度差满分 5 分，>3 mm 扣 5 分 4. 焊缝直线度满分 5 分，>2 mm，扣 5 分 5. 角变形满分 5 分，>3°，扣 5 分 6. 无错边得 5 分，>1.2 mm 扣 5 分 7. 无咬边得 10 分，咬边≤0.5 mm 或累计长度每 5 mm 扣 1 分，咬边深度>0.5 mm 或累计长度>31 mm 扣 10 分 注：(1)焊缝表面不是原始状态，有加工、补焊、返修的现象，或有裂纹、气孔、夹渣、未焊透、未熔合等任何缺陷存在，此项考试按不合格论 (2)焊缝外观质量得分低于 24 分，此项考试按不合格论 (3)焊缝的正反面都按 1~5 项要求进行评分		
3	焊后检验	40	射线探伤后，按 JB/T 4730—2005 评定，焊缝质量达到Ⅰ级扣 0 分 焊缝质量达到Ⅱ级扣 10 分 焊缝质量达到Ⅲ级，此项考试按不合格论		
4	安全文明生产	10	1. 劳保用品穿戴不全，扣 2 分 2. 焊接过程中有违反安全操作规程现象，视情节扣 2~5 分 3. 试件焊完后，现场清理不干净，工具码放不整齐扣 3 分		

技能2.6　等离子弧焊与切割

2.6.1　技能目标

①掌握等离子弧焊设备的使用及焊接方法。

②掌握等离子切割设备及切割基本操作技能。

2.6.2　所需场地、防护具、工具及设备

①设备及场地准备：焊接实训室、焊机。

②工量具准备：焊接钢板、焊条、风帽、安全帽、护目镜、焊接工作服、焊接手套、焊接围裙、焊接护腿等。

2.6.3　相关技能知识

1.等离子弧的产生及特点

等离子弧焊接与切割是现代科学领域中的一项新技术，它是利用高温（15 000 ~ 30 000 ℃）的等离子弧来进行焊接与切割的工艺方法。它不仅能焊接与切割常用方法所能加工的材料，而且还能切割和焊接一般工艺方法难于加工的材料。因而它是一种有发展前途的先进工艺。

2.等离子弧切割

（1）等离子弧切割操作步骤

①割件放在工作台上，使接地线与割件接触良好，开启排尘装置。

②根据切割对象，调整好切割电流、工作电压、检查冷却水系统是否畅通及是否漏水。

③检查控制系统情况，接通控制电源，检查高频振荡器工作情况，调整电极与喷嘴的同心度。

④检查气体流通情况，并调节好气体的压力和流量。

⑤按启动引弧按钮，产生"小电弧"，使之与割件接触。

⑥按切割按钮，产生"大电弧"（切割电弧），待切割件形成切口后，移动割炬，进行正常切割。

⑦切割终了，按停止按钮，切断电源。

（2）等离子弧切割注意事项

非转移型等离子弧切割和氧-乙炔气体火焰切割在技术上比较相似，但转移型等离子弧切割由于需要和工件构成回路，工件是等离子弧存在不可缺少的一极。在操作中如果割炬与工件距离过大就要断弧，所以操作起来就不像气体火焰切割那样自由。同时，还由于割炬结构较大，切割时可见性差，也会给操作带来一定的困难。因此，进行手工等离子弧切割操作时，要注意以下几个问题：

①起切方法：在切割前，应把切割工件表面的起切点清理好，使其导电良好。切割时应从

工件边缘开始,待工件边缘切穿后再移动割炬。若不允许从板的边缘起切,则应根据板的厚度,在板上钻出直径为 8～15 mm 的小孔作为起切点,以防止由于等离子弧的强大吹力使熔渣飞溅,造成熔渣堵塞喷嘴孔或堆积在喷嘴端面上形成"双弧",烧坏喷嘴,使切割难以进行。

②切割速度:如前所述,切割速度过大或过小都不能获得质量满意的切口,速度过大会造成切不透。即使勉强切透,但后拖量太大,也容易造成翻浆而损坏喷嘴。速度过小,势必无谓消耗能量,降低生产率,甚至还会因工件已经切割,阳极斑点向前远离,把电弧柱拉得过长而熄灭,使切割过程中断。掌握好切割速度使其均匀合适是十分重要的。

在起切时,要适时掌握好割炬的移动速度。起切时工件是冷的,割炬应停留一段时间,使切割件充分预热,待切穿后才能开始移动割炬。如果停留时间过长,会使切口过宽。待电弧已稳定燃烧且工件已切透时,割炬应立即向前移动。

③喷嘴到工件距离:在整个切割过程中,喷嘴到工件的距离应保持恒定,距离的变动会像切割速度掌握不匀一样,使切口不平整。

④割炬角度:等离子弧切割时,通常把割炬置于与工件表面垂直的状态下进行。如果所使用的割炬功率较大,又是切割直线时,为提高切割效率和质量,可将割炬在切口所在平面内向切割的反向倾斜 0°～45°。切割薄板时,此后倾角可大些。采用大功率切割厚板时,后倾角不能太大。

(3)大厚度切割特点

生产中已能用等离子弧切割 100～200 mm 厚的不锈钢,为保证大厚度板切割质量,必须注意以下工艺特点:

①随着切割厚度的增加,所需的功率也要增大,切割 80 mm 以上板材,一般为 50～100 kW。为了减少喷嘴与钨极的烧损,在相同功率时,以提高等离子弧的工作电压为宜。

②随着切割厚度的增加,等离子弧的阳极斑点在切口上跳动的范围加大。一方面使电弧的平均电压增加,另一方面也使电弧不稳定,为此要求采用具有较高空载电压的电源。

③由于切割功率增加,在由小电弧转为切割电弧时,电流突变,往往会引起电弧中断和喷嘴烧坏的现象。为此可采用电流递增转弧或分级转弧的办法。一般可在切割回路中串入限流电阻(约 0.4 Ω),以降低转弧时的电流值,然后再将电阻短路,使之转入正常的切割电流。

④为适应大功率切割的要求,喷嘴孔径和钨极直径都要相应增大。

⑤应具有较大吹力,调节气体流量及改换气体成分,使等离子弧的白亮部分拉长且挺直有力。

⑥切割开始时要有预热,收尾时要等工件完全切透时才能断弧。因此,切割开始与收尾时,割炬要有适当停留时间。预热(用小电流)时间取决于金属的厚度和性质,厚度大时间长,厚度小时间短。例如,厚度为 200 mm 的不锈钢,需预热 8～20 s;厚度为 50 mm 时,减少到 2.5～3.5 s。

3.等离子弧切割安全操作规程

进行等离子弧切割时,应注意下列几个方面的安全问题:

①等离子弧切割时,等离子弧的紫外线辐射强度比一般电弧强烈得多,对人的眼睛及皮肤都有伤害作用,所以焊工必须更好地保护眼睛和皮肤。

②等离子弧切割时,会产生大量的金属蒸气及有害气体。这些蒸气和气体吸入体内会引起不良反应。因此,凡较长期使用等离子弧的工作场地,必须设置强迫抽风或设专用工作台。

③等离子弧切割工作电压较高,所用电源空载电压更高。操作时,必须注意安全用电,电源一定要接地,割炬的手把绝缘要可靠。最好将工作台与地面绝缘起来;使用水工作台时,由于操作场地潮湿,更要加倍注意防护。

④等离子弧割炬应保持电极与喷嘴同心,要求供气供水系统密封不漏。为保证工作气体和保护气体供给充足,应设有气体流量调节装置。

⑤尽量采用铈钨极而不采用钍钨极。

⑥切割大量形状规则的工件时,应尽量采用机械自动化操作,焊工可远距离控制,以利于全面防止弧光、噪声、金属粉尘及有害气体对人体的危害。

4.等离子弧焊接

(1)焊前准备

①首先清除焊缝正反面两侧 20 mm 范围内的油、锈及其他污物,至露出金属光泽,并再用丙酮清洗该区。

②为保证焊接过程的稳定性,装配间隙、错边量必须严格控制,装配间隙 0 ~ 0.2 mm,错边量≤0.1 mm。

③进行定位焊可采用手工钨极氩弧焊进行定位焊。定位焊缝应以中间向两头进行,焊点间距为 60 mm 左右,定位焊缝长约 5 mm,定位焊后焊件应矫平。

④采用 LH-300 型自动等离子弧焊机。

(2)操作要点及注意事项

薄板的等离子弧焊可不加填充焊丝,一次焊接双面成型。板较薄可不用小孔焊接,而采用熔透法焊接。

①将工件水平夹固在定位夹具上,以防止焊接过程中工件的移动。为保证焊透和背面成形,可采用铜垫板。

②调整好焊接的各工艺参数。在焊前要检查气路、水路是否畅通;焊炬不得有任何渗漏;喷嘴端面应保持清洁;钨极尖端包角为 30° ~ 45°。

③由于采用不加填充焊丝的焊接,焊缝的熔化区域比较小,等离子弧的偏离,将严重影响背面焊缝的成形和产生未熔合等缺陷,故要求等离子弧严格对中。焊接前要进行调正,可通过引燃维持电弧,通过小弧来对准焊缝。

④引弧焊接,在焊接过程中应注意各焊接工艺参数的变化。特别要注意电弧对中和喷嘴到工件的距离,并随时加以修正。

⑤收弧停止焊接,当焊接熔池达到离焊件端部 5 mm 左右时,应按停止按钮结束焊接。

2.6.4 技能训练

1 Gr18Ni9Ti 不锈钢法兰的切割

1.形状及尺寸

法兰的外径为 219 mm,内径为 60 mm,厚度为 20 mm。切割机型号 LG-400-1,工作台采用多柱式支架,以防止切割时将支架割断,避免工件切割到最后,被切下部分的重力作用,使工件下垂而发生错口。

2. 切割方法:手工切割

切割工艺参数:切割电流320 A;切割电压160 V;气体体积流率2 400 L/h;切割速度25～30 m/h;电极直径5.8 mm;喷嘴孔径5.0 mm;喷嘴与工件距离8～10 mm。

3. 操作步骤

①将LG-400-1型等离子弧切割机安装好,由于采用手工切割,故把连接小车控制电缆多芯插头"Z"断开,将手动切割的控制电缆多芯插头"S"接通。

②检查切割机安装接线无误再进行水、电、气以及高频引弧等的检测,检测完毕即可准备切割。

③按照切割零件的图纸设计工艺尺寸,在不锈钢板上先画好线,画线时要留出切口余址。

④将已画好线的钢板放在多柱式支架上,注意放平。

⑤先切割法兰的内圆。接通电源,手持割炬,使割炬喷嘴距离工件8～10 mm将割炬上的开关扳向前,这时电路被接通,切割机各部分动作程序与自动切割相同。起弧从起切点开始,由小电弧转到大电弧后进入正常切割。

若电弧引燃后因故不能进行切割,需要将电弧断开时,只要将手动割炬远离切割工件将拨动开关从前面的位置上拨回来,随即推向前,然后再扳回,电弧即被切断。注意在这种断开引弧过程中,开关拨动按钮第一次扳回后所停留的时间必须短,否则会烧坏割炬的喷嘴和水冷电阻。

停止切割时,将拨动开关推向前,随后再拨回,即可停止切割。

⑥切割好法兰内圆后再切割其外圆,切割方法同前述一样,但是引弧时,可不必钻孔,而从被切工件一定距离的边缘起切。

⑦切割完毕后,关掉电源开关和气源,关闭冷却水和总电源开关。

2.6.5 模拟技能考题

1. 等离子弧焊对异种钢板的平对接焊

1)考件图样(图2.70)

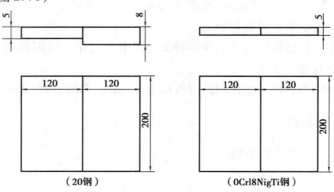

图2.70 等离子弧焊对异种钢板的平对接焊

技术要求:

①单面焊双面成型。

②间隙自定,允许采用反变形。

③打底层焊缝表面允许打磨。

④名称:等离子弧焊对异种钢板的平对接焊。

⑤材料:20/0Cr18Ni9Ti 钢板。

2)焊前准备

①设备:自动等离子弧焊机,ZXG-300 弧焊整流器各 1 台,焊机型号可根据实际情况自定。

②氩气:1 瓶。

③钨极:WCe-5,直径为 2.5 mm。

④焊丝:H08Mn2SiA、直径为 2.5 mm;H0Cr21Ni10Ti、直径为 2.5 mm。

⑤工具:气体流量计 1 个,钢丝刷、锤子、钢丝钳、常用锉刀、活扳手各 1 把,台虎钳、台式砂轮、角向磨光机各 1 台。

⑥考件尺寸:20 钢板厚为 5 mm + 8 mm,0Cr18Ni9Ti 钢板厚为 5 mm + 5 mm,试件尺寸(宽×长)均为 120 mm×200 mm。

⑦考件要求:焊前仔细清除待焊处油、污、锈、垢,焊后仔细清除焊缝焊渣,并保持焊缝原始状态。

3)考核内容

①考核要求。

a.焊前准备:考核考件清理程度(坡口两侧 10 ~ 20 mm 范围内的油、污、锈、垢)、定位焊正确与否(定位焊长度≥20 mm)、焊接参数选择正确与否。

b.焊缝外观质量:考核焊缝余高、余高差、焊缝宽度差、焊缝背面余高,直线度、角变形、咬边、背面凹坑深度、焊接参数调整等。

c.焊缝内部质量:射线探伤后,按《承压设备无损检测》(JB/T 4730—2005)标准要求检查焊缝内部质量。

②时间定额准备时间为 15 min,正式焊接时间为 40 min(焊接时间每超过 2 min 扣 1 分,不足 2 min 也扣 1 分,超过 10 min 此次考试无效)。

③安全文明生产考核现场劳保用品穿戴情况,焊接过程是否正确执行安全操作规程,焊接完毕,操作现场是否清理干净,工具、焊件是否摆放整齐。

4)配分、评分标准

等离子弧焊对异种钢板平对接焊的评分标准见表 2.40。

表 2.40　等离子弧焊对异种钢板平对接焊的评分标准

序号	考核要求	配分	评分标准	扣分	得分
1	焊前准备	10	1.焊件、焊丝清理不干净,扣 1 ~ 2 分 2.定位焊不正确,扣 1 ~ 2 分 3.焊接参数调整不正确,扣 1 ~ 3 分 4.焊机及辅助设备连接不正确,扣 1 ~ 3 分		

续表

序号	考核要求	配分	评分标准	扣分	得分
2	外观检查	40	1. 焊缝余高满分4分，<0或>3 mm得0分，1~2得4分 2. 焊缝余高差满分4分，>2 mm扣4分 3. 焊缝宽度差满分4分，>3 mm扣4分 4. 背面焊缝余高满分4分，>3 mm扣4分 5. 焊缝直线度满分4分，>2 mm扣4分 6. 背面凹坑深度满分4分，>0.5 mm或长度>16 mm扣4分 7. 无咬边得10分，咬边≤0.5 mm或累计长度每5 mm扣1分，咬边深度>0.5 mm或累计长度>26 mm扣10分 8. 角变形满分6分，>3°，扣6分 注：(1)焊缝表面不是原始状态，有加工、补焊、返修的现象，或有裂纹、气孔、夹渣、未焊透、未熔合等任何缺陷存在，此项考试按不合格论 (2)焊缝外观质量得分低于24分，此项考试按不合格论		
3	焊缝内部质量	40	射线探伤后，按JB/T 4730—2005评定，焊缝质量达到Ⅰ级扣0分 焊缝质量达到Ⅱ级扣10分 焊缝质量达到Ⅲ级，此项考试按不合格论		
4	安全文明生产	10	1. 劳保用品穿戴不全，扣2分 2. 焊接过程中有违反安全操作规程现象，视情节扣2~5分 3. 试件焊完后，现场清理不干净、工具码放不整齐扣3分		

2. 等离子弧切割碳素钢板、不锈钢板

1)考件材料及尺寸

①考件材料：20钢和0Cr18Ni9Ti不锈钢板各1块。

②考件尺寸：尺寸(厚×长×宽)为：20钢10 mm×400 mm×120 mm，0Cr18Ni9Ti钢为5 mm×400 mm×120 mm。

2)焊前准备

①设备：等离子弧切割机1台。

②钨极：WCe-5，直径为2.5mm。

③氩气：1瓶。

④工具：气体流量计1个，钢丝刷、锤子、钢丝钳、常用锉刀、活扳手各1把，台虎钳、台式砂轮、角向磨光机各1台。

⑤考件要求：焊前仔细清除待焊处油、污、锈、垢，焊后仔细清除焊缝焊渣，并保持焊缝原始状态。

3)考核内容

①考核要求。

a.焊前准备：考核考件清理程度(切口两侧10~20 mm范围内的油、污、锈、垢)、切割参数选择正确与否。

　　b. 切口外观质量:考核切口成形是否美观、切口背面有无熔渣、是否存在有未割透、切割过程不正常停止、引弧和收弧不正确、切割过程不熟练等。

　　②时间定额准备时间为 15 min,正式切割时间为 30 min(切割时间每超过 2 min 扣 1 分,不足 2 min 也扣 1 分,超过 10 min 此次考试无效)。

　　③安全文明生产考核现场劳保用品穿戴情况,焊接过程是否正确执行安全操作规程,焊接完毕,操作现场是否清理干净,工具、焊件是否摆放整齐。

　　4)配分、评分标准

　　等离子弧切割碳素钢板、不锈钢板的评分标准见表 2.41。

表 2.41　等离子弧切割碳素钢板、不锈钢板的评分标准

序号	考核要求	配分	评分标准	扣分	得分
1	切割准备	15	1. 工件清理不干净,扣 1~5 分 2. 切割机及辅助设备连接不正确,扣 1~5 分 3. 切割参数调整不正确,扣 1~5 分		
2	切割过程	30	1. 引弧、收弧不正确,扣 15 分 2. 使用割枪、切割操作不熟练,扣 15 分		
3	切割检验	40	1. 切口外观不美观,不齐度 >2 mm,扣 20 分 2. 切口背面粘住的熔渣多,扣 20 分 3. 存在有未割透或切割过程不正常的停止,此项考试为不合格		
4	安全文明生产	15	1. 劳保用品穿戴不全,扣 2~5 分 2. 切割过程中有违反安全操作规程现象,视情节扣 2~5 分 3. 试件切割完后,现场清理不干净,工具码放不整齐扣 2~5 分		

职业功能 3

常用金属材料的焊接

　　本部分为焊工(中级)国家职业技能标准中的职业功能 3,主要涉及低合金结构钢板对接埋弧焊;珠光体耐热钢小管水平固定手工钨极氩弧焊打底、焊条电弧焊盖面;奥氏体不锈钢大管垂直固定手工钨极氩弧焊打底、焊条电弧焊盖面,本部分包括 12 个技能点。

技能内容
技能 3.1　低合金结构钢的焊接
技能 3.2　珠光体型耐热钢的焊接
技能 3.3　奥氏体不锈钢的焊接

技能 3.1　低合金结构钢的焊接

3.1.1　技能目标

①理解和掌握低合金结构钢焊接工艺,通过学习达到安全文明生产。
②掌握低合金钢管对接水平固定焊的焊接方法。

3.1.2　所需场地、防护具、工具及设备

①设备及场地准备:焊接实训室、焊机。
②工量具及耗材准备:焊条、风帽、安全帽、护目镜、焊接工作服、焊接手套、焊接围裙、焊接护腿、焊接钢板等。

3.1.3　相关技能知识

1.低合金结构钢的焊接性

低合金结构钢主要是指低合金高强度钢。低合金高强度钢与低碳钢相比,热影响区容易淬硬,对氢的敏感性强。当焊接接头承受较大的应力时,容易产生各种裂纹。而且在焊接热循环作用下,可使焊接热影响区的组织性能发生变化,增大了脆性破坏的倾向。因此低合金高强度钢焊接时的主要问题是裂纹和脆化。

(1)焊接裂纹

①冷裂纹倾向:由于低合金高强度钢是在碳钢的基础上加入少量的合金元素,这些合金元素对焊接性能有一定的影响,明显的会影响到热影响区和焊缝区的淬硬倾向,因此容易产生冷裂纹,且往往是延迟裂纹。低合金高强度钢最容易产生冷裂纹,主要发生在强度级别较高的厚板钢材结构中。屈服点在 295 ~ 390 MPa 的普通低合金高强度钢基本上属于热轧钢,碳当量约为 0.4% ,冷裂倾向不大。正火钢由于含有的合金元素较多,淬硬倾向有所增加,随着强度级别、碳当量及板厚的增大,其淬硬性及冷裂倾向也增大,需要根据实际情况,采取预热、控制线能量、降低含氢量及焊后热处理等措施,以防止冷裂纹的产生。

②热裂纹倾向:通常情况下,热轧及正火钢焊接时,热裂倾向比较小。但当钢材中碳、硫偏高或铜、磷、镍等同时存在,或在焊接厚板的工艺参数、焊缝成型系数控制不当时,热裂倾向比较大。

③再热裂纹倾向:含有钒、钛、铬、锰、硼、铝等沉淀强化的合金元素结构钢,还会产生再热裂纹的倾向。此外大型厚板结构的角接头、十字形接头、T 形接头,还有可能会产生层状撕裂。

(2)粗晶脆化

低合金高强钢热影响区产生的魏氏组织或淬硬组织,是焊接接头中冲击韧性最低的脆性区。粗晶脆化产生的原因主要有两个:一是线能量过大导致粗晶区晶粒长大或出现魏氏组织而降低韧性;二是线能量过小使得粗晶区中马氏体淬硬组织比例增大而降低韧性。因此,对于不同的钢种,应分别合理地选择工艺参数。

2. 低合金结构钢的焊接工艺

（1）焊接工艺要点

①焊前准备：严格控制焊接材料及母材的硫、磷含量，对于有淬硬倾向的钢种，要严格控制焊缝的含氢量，清理焊丝及坡口边缘的油污，并且按规定烘干焊条。对焊接坡口及两侧应严格清除水、油、锈及其他污物，焊丝应严格脱脂、除锈，尽量减少氢的来源。坡口加工时，对于强度级别较高的钢材，火焰切割应注意边缘的软化或硬化。为防止切割裂纹，可采用与焊接预热温度相同的温度预热后进行焰切。组装时，应尽量减小应力。对低碳调质钢，严禁在非焊接部位随意引弧。焊接用 CO_2 保护气体的纯度（体积分数）应不低于 99.5%，并选择有加热能力的流量计使用。评定一种钢的焊接性，直接的方法是进行焊接性试验。对于低合金结构钢和碳钢来说，还有一种间接的估算方法，即碳当量法。钢与钢的化学成分是不相同的，这种钢这种元素含量多，那种钢那种元素含量多，碳当量是其中一种比较方法。所谓碳当量，就是把钢中合金元素（包括碳）的含量按其作用换算成碳的相当含量。可作为评定钢材焊接性的一种参考指标。对于碳钢和低合金结构钢的碳当量，采用国际焊接学会推荐的计算公式。

②预热：通过预热，可以防止冷裂纹、热裂纹和热影响区出现淬硬组织。预热温度取决于钢材的化学成分、板厚、焊接结构形状、拘束度和环境温度等。随着碳当量、板厚、结构拘束度的增加和环境温度的降低，预热温度也要相应的提高。

③焊后热处理：焊接后立即对焊件（整体或局部）加热到 150 ~ 250 ℃ 或保温，使其缓慢冷却，以防止淬硬冷裂的发生。低合金结构钢的焊接，焊后热处理主要是进行消氢处理，使焊缝中的扩散氢逸出焊缝表面的一种工艺措施。消氢处理通常指焊后将焊接热影响区加热到 250 ~ 350 ℃，保温 2 ~ 6 h，消氢的效果比低温后热处理好。多数情况下，低合金结构钢不需要进行焊后热处理，只有钢材强度等级较高、电渣焊接头或厚壁容器等才采用焊后热处理。在进行焊后热处理时要注意：对于有回火脆性的材料，要避开出现脆性的温度区间；对含有一定量的铜、钛、钼、钒的低合金钢消除应力退火时要注意防止再热裂纹的产生；不要超过母材的回火温度，以免影响母材性能等。

（2）焊接材料的选择

低合金结构钢焊接材料的选择，要综合考虑焊缝金属的韧性、塑性及抗裂性，并按照等强度原则进行选取。焊缝强度过高，会导致焊缝的塑性、韧性及抗裂性能的降低。对强度级别较高的低合金高强钢应选用塑性、韧性及抗裂性能好的碱性焊条，考虑焊缝的塑性和韧性，可选用比母材低一级强度的焊条。关于酸性、碱性焊接材料的选用。低合金高强度结构钢的焊接一般采用碱性焊接材料，对于次要结构，也可以采用酸性焊接材料。特殊情况下，可以选用铬镍（奥氏体）不锈钢焊条。

（3）焊接热输入的影响

焊接热输入是焊接电弧的移动热源给予单位长度焊缝的热量，它是与焊接区冶金、力学性能有关的重要参数之一。

对于热轧的普通低合金高强度结构钢，碳当量小于 0.4%，焊接时一般对热输入不加限制。对于低淬硬倾向的钢，碳当量为 0.4% ~ 0.6%，焊接时对热输入要适当加以控制。对于焊接低碳调质钢，焊接热输入要严格控制。随着低合金高强度钢强度级别的提高，碳当量的增大，焊接热输入的控制要求越加严格。

3.1.4　技能训练

低合金钢管对接水平固定焊

1）焊件尺寸及要求

低合金钢管对接水平固定焊焊件尺寸及要求见图 3.1 所示。

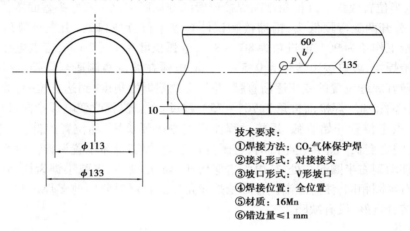

技术要求：
① 焊接方法：CO_2 气体保护焊
② 接头形式：对接接头
③ 坡口形式：V 形坡口
④ 焊接位置：全位置
⑤ 材质：16Mn
⑥ 错边量≤1 mm

图 3.1　低合金钢管对接水平固定焊

2）焊接工艺分析

16Mn 是一种含有少量合金元素（多数情况下其总量 W 总不超过 3%）的普通低合金钢。这种钢的强度比较高，综合性能比较好，并具有一定的耐腐蚀、耐磨、耐低温以及较好的切削性能，焊接性能良好。

3）焊接参数

焊接工艺参数见表 3.1。

表 3.1　焊接参数

焊接层次	焊丝直径/mm	电流/A	电压/V	CO_2 纯度/%	气体流量/(L·min^{-1})	焊丝伸出长度/mm
1	1.2	110 ~ 130	18 ~ 20	>99.5	15	15
2	1.2	130 ~ 150	20 ~ 22	>99.5	15	15
3	1.2	130 ~ 140	20 ~ 21	>99.5	15	15

4）实训步骤

（1）装配与定位焊

焊接操作中装配与定位焊很重要，管状试件点固点一般为 3 处，为了保证既焊透又不烧穿，必须留有合适的对接间隙和合理的钝边。根据管壁厚度和焊丝直径大小，确定钝边 $p = 0 ~ 0.5$ mm，间隙 $b = 2.5 ~ 3$ mm，错边量≤0.5 mm。点固焊时，用对口钳或小槽钢对口，在试件两端坡口内侧点固，焊点长度 10 mm 左右，高度 2 ~ 3 mm。点焊前，调整焊接电流，焊接电压，手动送丝。戴好头盔面罩，左手扶焊件，右手握焊枪，焊丝接触试件端部坡口处，按动引弧按钮引燃电弧,电弧长度 2～3 mm,形成熔池两侧搭桥后击穿熔孔锯齿形摆动电弧,将坡口钝边熔化,点固 10 mm 左右留出熔孔,灭弧后点固另外两点方法一致。将试件固定在焊接变位器上,高度据个人习惯而定。

(2)打底焊

低合金钢管对接水平固定焊分左右两个半圆先后完成。先焊接右半圈,从 6 点半位置开始焊接,11 点半位置收弧。焊枪角度随焊接位置的变化而变化。戴好头盔面罩,左手扶焊件,右手握焊枪,分开两腿弯腰低头,枪嘴接触试件 6 点半位置坡口处,引燃电弧后拉至点焊位置,此时,焊枪工作角为 90°,前进角为 80°～85°,电弧长度为 1～2 mm,待点电弧击穿熔孔形成熔池后开始焊接,坡口棱边熔化为 0.5～1 mm,电弧在坡口两侧适当停顿,保持焊道平整、熔合良好。随着焊缝位置的变化逐渐直腰,并相应调整焊枪角度,到达立位时,焊枪前进角为 75°～80°,到达平位时,焊枪前进角为 70°～75°,越过 12 点位置改变电弧指向,以控制铁水下流。到达 11 点半位置开始收弧,焊接过程注意控制电弧长短,随位置由仰位、立位、平位变化,电弧长度随之变长。焊接左半圈时,管子位置不动,焊工身体位置调换。由 6 点半附近位置起弧缓慢移动到右半圈起焊处,待电弧击穿熔孔形成熔池后,电弧小锯齿摆动向 7 点移动,焊接方法与右半圈相同,注意逐渐调整焊枪焊丝角度。收尾时要向前多焊一些,并填满弧坑,保证接头处熔合良好,没有缺陷。

(3)填充焊

用钢丝刷清理去除底层焊缝氧化皮,清理喷嘴内污物。在打底焊引弧点引燃电弧,调整电弧长度并稍作停顿,待形成熔池后锯齿摆动电弧,焊枪角度、焊丝角度与打底层基本相同,电弧比打底层摆动幅度大,摆动速度稍慢,坡口两边稍作停顿,管件转动速度与焊接速度一致。电弧前移步伐大小,以焊缝厚度为准,1/2～2/3 熔池大小。观察熔池长大情况,以距棱边高 1～1.5 mm 为宜,为盖面层留作参考基准,收尾时注意填满弧坑。

(4)盖面层

与填充层相同,按填充焊道的顺序焊完盖面焊道。焊枪的摆动幅度应比填充焊时大,保证熔池边缘超出坡口上棱边 0.5～1 mm。焊接速度要均匀,并注意使焊道两侧边缘熔合良好,防止咬边、焊道中间凸凹度超标,保证焊道外形美观,余高合适。

(5)试件与现场清理

练习结束后,首先关闭 CO_2 瓶阀门,然后关闭焊接电源。将焊好的试件用钢丝刷反复拉刷焊道,除去焊缝氧化层。注意不得破坏试件原始表面,不得用水冷却。清扫场地,摆放工件,整理焊接电缆,确认无安全隐患,并做好交班记录。

5)焊缝检查

①焊缝表面不得有裂纹、夹渣、未熔合等缺陷。

②焊缝宽度 15～18 mm。

③焊缝表面波纹均匀,与母材熔合良好。

6)评分标准

管状试件外观检查项目及评分标准见表3.2。

表 3.2　管状试件外观检查项目及评分标准

检查项目		标准、分数	焊缝等级				实际得分
			I	II	III	IV	
正面	焊缝余高	标准/mm	0~2	>2,≤3	>3,≤4	>4	
		分　数	5	3	1	0	
	焊缝高低差	标准/mm	≤1	>1,≤2	>2,≤3	>3	
		分　数	5	3	1	0	
	焊缝宽度	标准/mm	≤12	>12,≤13	>13,≤14	>14	
		分　数	5	3	1	0	
	焊缝宽窄差	标准/mm	≤1.5	>1.5,≤2	>2,≤3	>3	
		分　数	5	3	1	0	
	咬边	标准/mm	0	深度≤0.5 长度≤10	深度≤0.5 长度≤20	深度>0.5 或长度>20	
		分　数	10	7	5	0	
	气孔	标准/mm	无气孔	气孔≤0.5 数目:1个	气孔≤0.5 数目:2个	气孔>0.5 数目:>2个	
		分　数	10	6	2	0	
	焊缝外表成形		优	良	一般	差	
		标准/mm	成形美观,鱼鳞均匀细密,高低宽窄一致	成形较好,鱼鳞均匀,焊缝平整	成形尚可,焊缝平直	焊缝弯曲,高低宽窄明显,有表面缺陷	
		分数	10	7	4	0	
反面	焊缝高度	0~3 mm　5分	>3 mm 或 <0　0分				
	咬边	无咬边　5分	有咬边　0分				
	咬边	无气孔　5分	有气孔　0分				
	未焊透	无未焊透　10分　有未焊透　0分					
	凹陷	无内凹 10分	深度≤0.5 mm,每4 mm 长扣1分(最多扣10分)深度>0.5 mm　0分				
	焊瘤	无焊瘤　10分　有焊瘤　0分					
	焊缝外表成形	标准/mm	优	良	一般	差	
			同正面	同正面	同正面	同正面	
		分数	5	3	2	0	

注:①焊缝未盖面、焊缝表面及根部已修补或试件做舞弊标记则该单项作 0 分处理。
　　②凡焊缝表面有裂纹、夹渣、未熔合、焊瘤等缺陷之一的,该试件外观为 0 分。
　　③焊缝需沿一个方向焊接,如两个方向焊接外观为 0 分。

3.1.5　模拟技能考题

1.焊条电弧焊对低合金钢板的对接立焊

1)考件图样(图3.2)

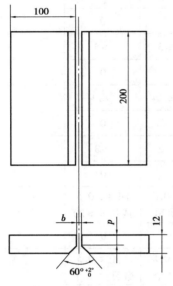

图3.2　焊条电弧焊对
低合金钢板的对接立焊

技术要求:

①单面焊双面成型。

②钝边高度 p、坡口间隙 b 自定,允许采用反变形。

③打底层焊缝表面允许打磨。

④名称:焊条电弧焊对低合金钢板的对接立焊。

⑤材料:Q345(16Mn)。

2)焊前准备

①设备:ZX5-400弧焊整流器1台。

②焊条型号:E5015,直径为3.2 mm。

③工具:钢丝刷、锤子、钢丝钳、常用锉刀、活扳手各1把,台虎钳、台式砂轮、角向磨光机各1台。

④考件尺寸:尺寸(厚×长×宽)为:12 mm×300 mm×100 mm,共2块。

⑤考件要求:考件两端不得安装引弧板和引出板,焊前仔细清除待焊处油、污、锈、垢,焊后仔细清除焊缝焊渣,并保持焊缝原始状态。

3)考核内容

①考核要求。

a.焊前准备:考核考件清理程度(坡口两侧10~20 mm 范围内的油、污、锈、垢)、定位焊(定位焊缝长度≥20 mm)正确与否、焊接参数选择正确与否。

b.焊缝外观质量:考核焊缝余高、余高差、焊缝宽度差、直线度、角变形、错边、咬边、背面凹坑深度等。

c.焊缝内部质量:射线探伤后,按《承压设备无损检测》(JB/T 4730—2005)标准要求检查焊缝内部质量。

②时间定额准备时间为30 min,正式焊接时间为60 min(焊接时间每超过5 min扣1分,不足5 min 也扣1分,超过10 min 此次考试无效)。

③安全文明生产考核现场劳保用品穿戴情况,焊接过程是否正确执行安全操作规程,焊接完毕,操作现场是否清理干净,工具、焊件是否摆放整齐。

4)配分、评分标准

焊条电弧焊对低合金钢板对接立焊的评分标准见表3.3。

表3.3　焊条电弧焊对低合金钢板对接立焊的评分标准

序号	考核要求	配分	评分标准	扣分	得分
1	焊前准备	10	1.焊件清理不干净,定位焊不正确扣1~5分 2.焊接参数调整不正确扣1~5分		

续表

序号	考核要求	配分	评分标准	扣分	得分
2	外观检查	40	1. 焊缝余高满分 4 分，<0 或 >4 mm 为 0 分，1～2 mm 得 4 分 2. 焊缝余高差满分 4 分，>2 mm 扣 4 分 3. 焊缝宽度差满分 4 分，>3 mm 扣 4 分 4. 背面焊缝余高满分 4 分，>3 mm 扣 4 分 5. 焊缝直线度满分 4 分，>2 mm 扣 4 分 6. 角变形满分 4 分，>3° 扣 4 分 7. 无错边得 4 分，>1.2 mm 扣 4 分 8. 背面凹坑深度满分 4 分，>1.2 mm 或长度 >26 mm 扣 4 分 9. 无咬边得 8 分，咬边≤0.5 mm 或累计长度每 5 mm 扣 1 分，咬边深度 >0.5 mm 或累计长度 >26 mm 扣 8 分 注:(1)焊缝表面不是原始状态,有加工、补焊、返修的现象,或有裂纹、气孔、夹渣、未焊透、未熔合等任何缺陷存在,此项考试按不合格论 (2)焊缝外观质量得分低于 24 分,此项考试按不合格论		
3	焊缝内部质量	40	射线探伤后,按 JB/T 4730—2005 评定,焊缝质量达到Ⅰ级扣 0 分 焊缝质量达到Ⅱ级扣 10 分 焊缝质量达到Ⅲ级,此项考试按不合格论		
4	安全文明生产	10	1. 劳保用品穿戴不全,扣 2 分 2. 焊接过程中有违反安全操作规程现象,视情节扣 2～5 分 3. 试件焊完后,现场清理不干净、工具码放不整齐扣 3 分		

2. 焊条电弧焊对低合金钢板的对接横焊

1)考件图样(图 3.3)

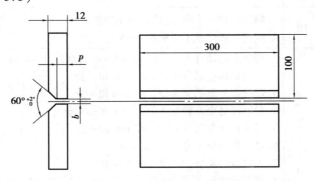

图 3.3　焊条电弧焊对低合金钢板的对接横焊

技术要求:
①单面焊双面成型。
②钝边高度 p、坡口间隙 b 自定,允许采用反变形。
③打底层焊缝表面允许打磨。
④名称:焊条电弧焊对低合金钢板的对接横焊。

⑤材料:Q345(16Mn)。

2)焊前准备

①设备:ZX5-400弧焊整流器1台。

②焊条型号:E5015,直径为3.2 mm。

③工具:钢丝刷、锤子、钢丝钳、常用锉刀、活扳手各1把,台虎钳、台式砂轮、角向磨光机各1台。

④考件尺寸:尺寸(厚×长×宽)为:12 mm×300 mm×100 mm,共2块。

⑤考件要求:考件两端不得安装引弧板和引出板,焊前仔细清除待焊处油、污、锈、垢,焊后仔细清除焊缝焊渣,并保持焊缝原始状态。

3)考核内容

①考核要求。

a.焊前准备:考核考件清理程度(坡口两侧10～20 mm范围内的油、污、锈、垢)、定位焊(定位焊缝长度≥20 mm)正确与否、焊接参数选择正确与否。

b.焊缝外观质量:考核焊缝余高、余高差、焊缝宽度差、直线度、角变形、错边、咬边和背面凹坑深度等。

c.焊缝内部质量:射线探伤后,按《承压设备无损检测》(JB/T 4730—2005)标准要求检查焊缝内部质量。

②时间定额准备时间为30 min,正式焊接时间为60 min(焊接时间每超过5 min扣1分,不足5 min也扣1分,超过10 min此次考试无效)。

③安全文明生产考核现场劳保用品穿戴情况,焊接过程是否正确执行安全操作规程、焊接完毕,操作现场是否清理干净,工具、焊件是否摆放整齐。

4)配分、评分标准

焊条电弧焊对低合金钢板对接立焊的评分标准见表3.4。

表3.4 焊条电弧焊对低合金钢板对接立焊的评分标准

序号	考核要求	配分	评分标准	扣分	得分
1	焊前准备	10	1.焊件清理不干净,定位焊不正确扣1～5分 2.焊接参数调整不正确扣1～5分		
2	外观检查	40	1.焊缝余高满分4分,<0或>4 mm为0分,1～2 mm得4分 2.焊缝余高差满分4分,>2 mm扣4分 3.焊缝宽度差满分4分,>3 mm扣4分 4.背面焊缝余高满分4分,>3 mm扣4分 5.焊缝直线度满分4分,>2 mm扣4分 6.角变形满分4分,>3°扣4分 7.无错边得4分,>1.2 mm扣4分 8.背面凹坑深度满分4分,>1.2 mm或长度>26 mm扣4分 9.无咬边得8分,咬边≤0.5 mm或累计长度每5 mm扣1分,咬边深度>0.5 mm或累计长度>26 mm扣8分 注:(1)焊缝表面不是原始状态,有加工、补焊、返修的现象,或有裂纹、气孔、夹渣、未焊透、未熔合等任何缺陷存在,此项考试按不合格论 (2)焊缝外观质量得分低于24分,此项考试按不合格论		

序号	考核要求	配分	评分标准	扣分	得分
3	焊缝内部质量	40	射线探伤后,按 JB/T 4730—2005 评定,焊缝质量达到 I 级扣 0 分 焊缝质量达到 II 级扣 10 分 焊缝质量达到 III 级,此项考试按不合格论		
4	安全文明生产	10	1. 劳保用品穿戴不全,扣 2 分 2. 焊接过程中有违反安全操作规程现象,视情节扣 2~5 分 3. 试件焊完后,现场清理不干净、工具码放不整齐扣 3 分		

技能3.2 珠光体型耐热钢的焊接

3.2.1 技能目标

①理解和掌握珠光体耐热钢焊接工艺。

②掌握小管水平固定手工钨极氩弧焊打底、焊条电弧焊盖面焊接工艺。

3.2.2 所需场地、防护具、工具及设备

①设备及场地准备:焊接实训室、焊机。

②工量具准备:焊条、风帽、安全帽、护目镜、焊接工作服、焊接手套、焊接围裙、焊接护腿等。

3.2.3 相关技能知识

1.珠光体耐热钢的焊接工艺要点

(1)焊条的选择

为了保证焊缝金属的耐热性能,进行焊条电弧焊前选择焊条是根据母材的化学成分,而不是根据母材的力学性能。选用的钼和铬钼珠光体耐热钢焊条的 Cr、Mo 等合金元素的含量应与母材相当或略高于母材。此外,还可选用奥氏体不锈钢焊条,焊后一般可不做热处理。

(2)焊前预热

预热是避免生成淬硬组织、减小焊接应力、防止产生焊接冷裂纹的有效措施之一。由于铬钼珠光体耐热钢的淬硬冷裂倾向较大,因此预热是焊接铬钼珠光体耐热钢的重要工艺措施。不论是定位焊还是焊接过程中,都应预热,并保持略高于预热温度的层间温度。预热温度根据钢的化学成分、接头的拘束度和焊缝金属的含氢量来选定。预热作为焊接工艺的重要组成部分,应与层间温度和焊后热处理一并考虑。研究证明,对于铬钼珠光体耐热钢的焊接,为了防止冷裂纹的产生,规定较高的预热温度是必要的,但预热温度并非越高越好。用钨极氩弧焊打底和 CO_2 气体保护焊时,可以降低预热温度或不预热。

(3)焊后保温及缓冷

从焊接结束到焊后热处理装炉这段时间内,铬钼珠光体耐热钢焊接接头产生裂纹的危险性最大。因此,焊后应立即用石棉布覆盖焊缝及热影响区进行保温,使其缓慢冷却。防止接头裂纹的简单而可靠的措施是将接头按层间温度(预热温度上限)保温 2~3 h 的低温后热处理,可基本上消除焊缝中的扩散氢。

(4)焊后热处理

铬钼珠光体耐热钢焊后应立即进行高温回火,以防止产生延迟裂纹,消除焊接残余应力和改善接头组织与性能。对于铬钼珠光体耐热钢,焊后热处理的目的不仅是消除焊接残余应力,而且更重要的是改善接头组织,提高接头的综合力学性能,包括提高接头的高温蠕变强度和组织稳定性,降低焊缝及热影响区的硬度等。

2. 珠光体耐热钢的焊接方法

一般的焊接方法均可焊接珠光体耐热钢。埋弧自动焊和焊条电弧焊用得多,用钨极氩弧焊也日益增多,电渣焊在大断面焊接中应用;在焊接重要的高压管道时,常用钨极氩弧焊打底焊,再用焊条电弧焊或熔化极气体保护焊盖面焊。

(1)埋弧自动焊

埋弧自动焊在压力容器、管道、梁柱结构及汽轮机转子等结构的焊接中得到了广泛的应用。埋弧焊不能用于全位置焊,对小直径管和薄壁构件也不适用。

(2)焊条电弧焊

这是仅次于埋弧自动焊应用较广的焊接方法之一。

①在珠光体耐热钢焊接时,选用低氢型药皮碱性焊条是防止焊接冷裂纹的主要措施之一。但碱性焊条药皮容易吸潮,而焊条药皮和焊剂中的水分是氢的主要来源。因此焊条、焊剂在使用前要严格按规范烘干,随用随取。此外还必须清除坡口及两侧的锈、水、油污。

②U 形坡口用于管壁较厚的珠光体耐热钢管道的对接焊接。U 形坡口要求对口间隙严格(2 ~ 3 mm),因为间隙对根部焊接质量有较大的影响。带垫圈的 V 形坡口的优点是根部间隙大,便于运条,能保证根部焊透。但必须注意垫圈与管道之间的间隙应小于 0.5 ~ 1.0 mm,否则焊缝根部两侧容易产生裂纹。

(3)钨极氩弧焊

这也是珠光体耐热钢管道常用的焊接方法。既可以用作打底焊,也可以用于整个焊缝的焊接。现在全位置自动脉冲钨极氩弧焊已应用于珠光体耐热钢管道的焊接。钨极氩弧焊打底焊时的坡口不留间隙,焊接时可以用填充焊丝,也可以不用填充焊丝。当珠光体耐热钢母材铬的质量分数超过 3% 时,焊缝背面也应通氩气保护,以改善焊缝成形,防止焊缝表面氧化。钨极氩弧焊电弧气氛具有超低氢的特点,焊接珠光体耐热钢时可以降低预热温度,有时甚至可以不预热。

(4)电渣焊

电渣焊在珠光体耐热钢厚壁容器的生产中得到稳定的应用。电渣焊接头晶粒十分粗大,对于一些重要焊接结构,焊后必须经正火处理,以细化晶粒,提高缺口冲击韧性。此外,珠光体耐热钢也可以采用 CO_2 气体保护焊。

3.2.4　技能训练

1. 12CrMo 钢的焊接

12CrMo 钢的最高工作温度为 535 ℃,在 480 ~ 540 ℃长期时效后,其力学性能和组织性能均有足够的稳定性。当温度超过 550 ℃时,蠕变极限开始明显下降。12CrMo 钢具有良好的焊接性,可通过焊条电弧焊、埋弧自动焊、气体保护焊及氧-乙炔气焊等方法进行焊接,常用钢管壁温度小于 540 ℃的锅炉受热面管及蒸气参数为 510 ℃的高、中压蒸气导管。

①焊接材料的选择:焊条电弧焊可采用 R202、R207 焊条进行焊接。R202 为交、直流两用酸性焊条,能进行全位置焊接,可用于焊接工作温度 510 ℃以下的 12CrMo 钢的蒸气管道和过热器等。R207 为碱性焊条,施焊时采用直流反接短弧操作,可进行全位置焊接,可用来焊接工作温度在 510 ℃以下的 12CrMo 珠光体耐热钢的高温高压锅炉管道、化工容器等构件。采

用气焊和埋弧自动焊时,应采用 H12CrMo 焊丝,焊前应将焊丝表面的油污和铁锈等杂质清除干净。

②焊件表面的清理:焊前应将焊件表面的铁锈、油污和水分等杂质清除干净,否则会对焊接接头性能产生一定的影响。

③预热:在 0 ℃ 以上焊接时,只有在壁厚大于 16 mm 时才预热,预热温度为 150 ~ 200 ℃,在 0 ℃ 以下焊接时,任何壁厚的结构均须预热到 250 ~ 300 ℃。

④焊后热处理:焊条电弧焊一般需要 680 ~ 720 ℃ 的加热和 15 ~ 60 min 保温回火处理,回火处理后冷却到室温。气焊后的结构件最好先进行 930 ~ 950 ℃ 的加热和 15 ~ 30 min 保温的正火处理,然后再进行回火处理。

2.12CrMoV 钢的焊接

12CrMoV 钢是我国最广泛使用的珠光体耐热钢之一,主要用于制造壁厚温度小于 580 ℃ 的高压、超高压锅炉过热管、联箱和主蒸汽管道等。这种钢的焊接性良好,采用氧-乙炔气焊、焊条电弧焊、埋弧自动焊和电阻焊等焊接方法均可得到良好的焊接质量。

①焊接材料的选择:焊条电弧焊一般采用 R317 碱性低氢型焊条,采用直流反接电源,尽量短弧操作。气焊时采用 H08CrMoV 焊丝,气焊火焰选择中性焰或轻微碳化焰,以防止合金元素的烧损。埋弧自动焊选用 H08CrMoV 焊丝并配用焊剂 350。氢弧焊时选用 TIG-R31 焊丝。

②焊件表面的清理:焊接前应将焊件表面上的油污、铁锈和水分等杂质去除干净。

③预热:12CrMoV 耐热钢焊前一般预热温度为 200 ~ 300 ℃,小口径薄管壁可以不预热。

④焊后热处理:在一般情况下,用 R317 焊条电弧焊时,需要经过 720 ~ 750 ℃ 的回火处理。气焊时焊接接头焊后要做 1 000 ~ 1 020 ℃ 的正火处理,然后再进行 720 ~ 750 ℃ 的回火处理。

3.10CrMo910 钢的焊接

10CrMo910 钢供货状态是 940 ~ 960 ℃ 正火加 740 ~ 760 ℃ 回火的调质状态,其组织为铁素体加碳化物。这种钢具有良好的焊接性,可以采用焊条电弧焊、埋弧自动焊、气体保护焊、氧-乙炔气焊、闪光对焊等焊接工艺。

①焊接材料的选择:一般情况下,焊条电弧焊可选用 R407 焊条,也可采用 R317 焊条。气焊时采用 H08CrMoV 焊丝,选用中性焰,以防止合金元素的烧损。气体保护焊时,一般选用 TIG-R40 焊丝。

②焊件表面处理:焊前应将焊件表面上的油污、铁锈和水分等杂质清除干净。

③预热:10CrMo910 钢的预热温度为 250 ~ 300 ℃。

④焊后热处理:气焊后的焊接接头采用 940 ~ 960 ℃ 正火加 740 ~ 760 ℃ 回火的热处理工艺,回火保温时间为 30 min。焊条电弧焊后的焊接接头应采用 740 ~ 760 ℃ 和保温 40 ~ 60 min 的回火处理。

3.2.5 模拟技能考题

珠光体型耐热钢小径管水平固定对接手工 TIG 焊打底,焊条电弧焊盖面

1)考件图样(见图 3.4)

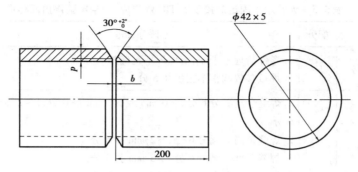

技术要求：
①单面焊双面成形。
②钝边高度 p、坡口间隙 b 自定。
③打底层焊缝允许打磨。
④材料：12Cr1MoV。

图 3.4 珠光体型耐热钢小径管水平固定手工 TIG 焊打底、焊条电弧焊盖面

2）焊前准备
①设备：WS-300,ZX5-400 各 1 台。
②焊丝型号：H08Cr1MoVA(TIG-R31)，直径为 2.5 mm。
③焊条型号：E5503-B2-V(或 E5515-B2-V)，直径为 2.5 mm。
④钨丝：WCe，直径为 2.5 mm。
⑤氩气：1 瓶。
⑥工具：氩气流量计 1 个，钢丝刷、锤子、钢丝钳、常用锉刀、活扳手各 1 把,台虎钳、台式砂轮、角向磨光机各 1 台。
⑦考件材料及尺寸：12Cr1MoV 钢管,42 mm×5mm×200 mm 2 节。
⑧考件要求：焊前仔细清除待焊处油、污、锈、垢,焊后仔细清除焊缝焊渣,并保持焊缝原始状态。

3）考核内容
①考核要求：
a. 焊前准备：考核考件清理程度(坡口两侧各 10～20 mm)、定位焊正确与否(定位焊点不得位于时钟的 6 点处且定位焊缝长度≥20 mm)、焊接参数选择正确与否。
b. 焊缝外观质量：考核焊缝余高、余高差、焊缝宽度差、直线度、咬边、通球检验管内径等。
c. 焊缝内部质量：射线探伤后,按《承压设备无损检测》(JB/T 4730—2005)标准要求检查焊缝内部质量。
②时间定额：准备时间为 20 min,正式焊接时间为 30 min(焊接时间每超过 5 min 扣 1 分,不足 5 min 也扣 1 分,超过 10 min 此次考试无效)。
③安全文明生产：考核现场劳保用品穿戴情况、焊接过程是否正确执行安全操作规程;焊接完毕,操作现场是否清理干净,工具、焊件是否摆放整齐。

4）配分、评分标准
大管水平固定对接手工 TIG 焊打底,焊条电弧焊盖面评分标准见表 3.5。

表 3.5　大管水平固定对接手工 TIG 焊打底,焊条电弧焊盖面标准

序号	考核要求	配分	评分标准	扣分	得分
1	焊前准备	10	1. 考件清理不干净,定位焊不正确扣 5 分 2. 焊接参数调整不正确扣 5 分		
2	外观检查	40	1. 焊缝余高满分 6 分,<0 mm 或 >3 mm 得 0 分,1~2 mm 得 6 分 2. 焊缝余高差满分 6 分,>2 mm 扣 6 分 3. 焊缝宽度差满分 6 分,>3 mm 扣 6 分 4. 焊缝背面余高满分 4 分,>3 mm 扣 4 分 5. 无咬边得 10 分,咬边≤0.5 mm,累计长度每 5 mm 扣 1 分,咬边深度 >0.5 mm,累计长度 > 40 mm 扣 10 分 6. 焊缝直线度满分 4 分,>2 mm,扣 4 分 7. 焊缝背面凹坑深度 0~2 mm,满分 4 mm,长度≤80 mm,每 20 mm 扣 1 分 注:(1)焊缝表面不是原始状态,有加工、补焊、返修等现象,或有裂纹、气孔、夹渣、未焊透、未熔合等任何缺陷存在,此项考试按不合格论 (2)焊缝外观质量得分低于 24 分,此项考试按不合格论		
3	焊缝内部质量	40	射线探伤后,按 JB/T 4730—2005 评定,焊缝质量达到Ⅰ级扣 0 分 焊缝质量达到Ⅱ级扣 10 分 焊缝质量达到Ⅲ级,此项考试按不合格论		
4	安全文明生产	10	1. 劳保用品穿戴不全,扣 2 分 2. 焊接过程中有违反安全操作现象,视情节扣 2~5 分 3. 试件焊完后,现场清理不干净,工具码放不整齐扣 3 分		

技能 3.3　奥氏体不锈钢的焊接

3.3.1　技能目标

理解和掌握奥氏体不锈钢大管垂直固定手工钨极氩弧焊打底、焊条电弧焊盖面焊接工艺,通过学习能够安全文明生产。

3.3.2　所需场地、防护具、工具及设备

①设备及场地准备:焊接实训室、焊机。

②工量具准备:焊条、风帽、安全帽、护目镜、焊接工作服、焊接手套、焊接围裙、焊接护腿等。

3.3.3　相关技能知识

1. 奥氏体不锈钢的焊接工艺

（1）采用小线能量,小电流快速焊

焊条不应做横向摆动,焊道宜窄不宜宽,最好不超过焊条直径的 3 倍。同样直径的焊条焊接电流值比低碳钢焊条降低 20% 左右,一般取焊条直径的 25 ~ 30 倍。小线能量、小电流短弧快速焊,冷却速度快,在敏化温度区停留时间短,有利于防止晶间腐蚀;小线能量即热输入小,焊接应力就小,有利于防止应力腐蚀和热裂纹;热输入小,焊接变形就小。此外,焊接电流小,可防止奥氏体不锈钢焊条药皮发红和开裂,保证焊条药皮的机械保护作用。

（2）要快速冷却

焊后可采取强制冷却措施,以减小在敏化温度区停留时间,防止晶间腐蚀。

（3）不进行预热和后热工艺

奥氏体不锈钢焊接时,不能采取预热和后热工艺措施,防止降低焊后冷却速度。多层多道焊时,各道间温度应低于 60 ℃（以手可以摸为判断标准）。

（4）不锈钢焊后热处理

奥氏体不锈钢制压力容器焊接时,一般不进行消除焊接残余应力的焊后热处理。在有应力腐蚀破裂倾向时（如用 18-8 型不锈钢制造的化工容器中存放氯化物溶液、高温高压水等时,在焊接残余应力作用下,会产生应力腐蚀裂纹导致破坏）,需要进行消除应力退火,可在低于 350 ℃ 或高于 850 ℃ 进行退火处理,也可用锤击法来松弛焊接应力。

（5）采用适当的焊后处理

为增加奥氏体不锈钢的耐腐蚀性,焊后应进行表面处理,处理的方法有表面抛光和表面钝化。

①表面抛光:不锈钢焊件表面如有刻痕、凹痕、粗糙点、污点,会加快腐蚀。表面越细越光滑,抗腐蚀性越好;因为细光的表面能产生一层致密而均匀的氧化膜,能保护内部金属不再受到氧化和腐蚀。

②表面钝化:钝化处理是在不锈钢表面人工形成一层氧化膜,起保护作用。钝化处理的

流程为:表面清理和修补→酸洗→水洗和中和→钝化→水洗和吹干。

a.表面清理和修补。

把表面损伤的地方修补好,用手提砂轮磨光,把飞溅清除干净,必须也磨光。

b.酸洗。

目的是去除经热加工和焊接热影响区产生的氧化皮,这层氧化皮不能抗氧化、耐腐蚀。酸洗常用的酸液酸洗和酸膏酸洗两种方法。酸液酸洗又有浸洗和刷洗两种。

酸液配方:

● 浸洗酸液配方:硝酸(密度1.42)20%,氢氟酸5%,其余为水,酸洗温度为室温。

● 刷洗酸液配方:盐酸50%,水50%。

酸膏配方:盐酸(密度1.19)20 mL,水100 mL,硝酸(密度1.42)30 mL,膨润土150 g。

酸洗的方法:浸洗法用于较小的设备和部件。浸没在酸液中25~45 min,取出后用清水冲净。刷洗用于大设备。刷到呈白亮色为止,再用清水冲净。酸膏酸洗也适用于大设备,将酸膏涂敷于焊件的焊缝及热影响区表面上,停留几分钟,再用清水冲净。

c.钝化。

钝化液配方:硝酸5 mL,重铬酸钾1 g,水95 mL,处理温度为室温。处理方法是将钝化液在表面擦一遍,停留1 h,然后用冷水冲,用布仔细擦洗,最后用热水冲洗干净,并将其吹干。经钝化处理后的不锈钢,外表呈银白色,具有较高的耐腐蚀性。

2.奥氏体不锈钢的焊接方法

总的来说,奥氏体不锈钢具有优良的焊接性。一般常用的熔化焊方法都能焊奥氏体不锈钢。但从经济、实用和技术性能方面考虑,最好采用焊条电弧焊、钨极氩弧焊、埋弧自动焊、熔化极氩弧焊和等离子弧焊等。由于电渣焊热过程特点,在高温停留时间长,焊接速度慢,冷却速度慢,线能量大,使接头抗晶间腐蚀能力降低,并且在熔合线附近易产生严重的刀状腐蚀,因此极少应用。CO_2 气体保护焊具有氧化性,合金元素烧损严重,目前还没有用来焊接奥氏体不锈钢。

(1)焊条电弧焊

焊条电弧焊是奥氏体不锈钢最常用的焊接方法。

①奥氏体不锈钢焊条的选用:为了保证奥氏体不锈钢的焊缝金属具有与母材相同的耐腐蚀性能和其他性能,奥氏体不锈钢焊条的选用,应根据母材的化学成分,选用化学成分类型相同的奥氏体不锈钢焊条,焊条含碳量不高于母材,铬镍含量不低于母材。例如,要焊1Cr18Ni9Ti不锈钢,母材化学成分类型为Cr18%-Ni9%(18-8型),且含Ti,含C的质量分数约0.1%,不属于超低碳;因此,应选用化学成分类型相同的A132或A137。奥氏体不锈钢焊条的药皮通常有钛钙型(A××2)和低氢型(A××7)两种。对热裂纹倾向较大的不锈钢,如25-20型,多选用碱性药皮焊条。一般18-8型不锈钢,钛钙型焊条使用的较多,钛钙型焊条焊缝成型美观,抗腐蚀性较好,电弧稳定,飞溅少,脱渣容易。钛钙型可交、直流两用,但交流焊时熔深较浅,同时交流焊时比直流焊时药皮容易发红,交流电弧也没有直流电弧稳,所以尽可能用直流电源。

②焊接工艺参数的选择:奥氏体不锈钢焊接,为了防止晶间腐蚀和应力腐蚀,防止热裂纹,减小焊接变形,采用小线能量,小电流短弧快速焊,采用多层多道焊,焊条不摆动的窄道焊。焊接电流比焊低碳钢减小,多层多道焊时,要控制道间温度,要冷却到60℃左右再焊下

一道。这些措施能减少接头在敏化温度停留时间,是防止晶间腐蚀的重要工艺措施,是奥氏体不锈钢焊接的主要工艺特点,是焊接工艺操作中必须遵循的原则。

(2)氩弧焊

氩弧焊是奥氏体不锈钢常用的焊接方法。氩弧焊用的焊丝化学成分类型与母材相同。

①钨极氩弧焊:适用于厚度不超过 8 mm 的板结构,特别适宜于厚度 3 mm 以下的薄板,直径 60 mm 以下的管子以及厚件单面焊的打底焊。

②熔化极氩弧焊:可以用于焊接厚板。但熔化极氩弧焊焊接奥氏体不锈钢时,焊缝成型差,焊缝窄而高,因此应用少。为了解决这一问题,可采用富氩混合气体保护,例如,Ar 和 O_2 0.5 % ~1 % 或 Ar 和 CO_2 1% ~5 %,再采用脉冲电流,即采用混合气体的熔化极脉冲氩弧焊。

(3)埋弧自动焊

埋弧自动焊焊接奥氏体不锈钢适用于中厚板,有规则的长直缝和直径较大的环缝,且相同焊缝数量多,还只限于平焊位置。要求焊丝碳的质量分数不得高于母材,铬镍比母材高。焊接奥氏体不锈钢的埋弧焊焊剂有 HJ260、HJ172、HJ151、SJ601、SJ608 和 SJ701 等,焊丝均采用 5 mm 直径。

(4)等离子弧焊

等离子弧焊已用于奥氏体不锈钢的焊接。对于厚度在 10~12 mm 以下的奥氏体不锈钢,采用小孔效应时,热量集中,可不开坡口单面焊一次成形,尤其适合于不锈钢管的焊接。微束等离子弧焊对厚度小于 0.5 mm 的薄件尤为适宜。

3.3.4　技能训练

焊接过程注意保持适宜的电弧长度,因为氩气的挺度稍差一些,控制不好弧长,会降低氩气的保护效果;掌握好填丝的角度和焊丝的填充位置,焊丝不要接触钨极以免污染电极,焊丝在焊接过程中的运动不要离开氩气的保护区,避免高温焊丝端头被空气氧化。

焊接过程中填焊丝时,以往复运动式间断地送入电弧内的熔池前方,在熔池前呈滴状加入,注意控制送丝速度均匀。

焊接时,熔池的热量要集中在坡口下部,以防止上坡口过热,母材熔化过多,产生咬边或焊缝背面下坠。

盖面焊可以焊两道焊缝,两道焊缝搭接要圆滑;也可以焊一道焊缝,注意电弧在上坡口处和下坡口处停留时间要长一些,避免咬边缺陷的发生,同时控制电弧的角度,防止熔池金属液体下淌,形成"泪滴形"焊缝。

3.3.5　模拟技能考题

奥氏体型不锈钢大径管垂直固定对接手工 TIG 焊打底,焊条电弧焊盖面

1)考件图样(见图 3.5)

2)焊前准备

①设备:WS-300,ZX5-400 各 1 台。

②焊丝型号:HOCr21NilOTi,直径为 2.5 mm。

③焊条型号:E347-15/E347-16(A132/A137),直径自选。

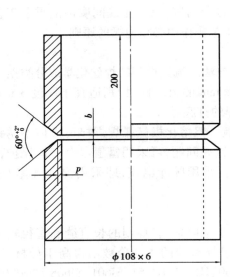

图 3.5　奥氏体型不锈钢大径管垂直固定对接手工 TIG 焊打底,焊条电弧焊盖面

技术要求:
①单面焊双面成形。
②钝边高度 p、坡口间隙 b 自定。
③打底层焊缝允许打磨。
④材料:0Crl8Ni9Ti。

④钨丝:WCe,直径为 2.5 mm。

⑤氩气:1 瓶。

⑥工具:氩气流量计 1 个,钢丝刷、锤子、钢丝钳、常用锉刀、活扳手各 1 把,台虎钳、台式砂轮、角向磨光机各 1 台。

⑦考件材料及尺寸:0Cr18Ni9Ti 钢管,中 108 mm × 6 mm × 200 mm 2 节。

⑧考件要求:焊前仔细清除待焊处油、污、锈、垢,焊后仔细清除焊缝焊渣,并保持焊缝原始状态。

3)考核内容

①考核要求:

a. 焊前准备:考核考件清理程度(坡口两侧各 10 ~ 20 mm)、定位焊正确与否(定位焊点不得位于时钟的 6 点处且定位焊缝长度≥20 mm)、焊接参数选择正确与否。

b. 焊缝外观质量:考核焊缝余高、余高差、焊缝宽度差、直线度、咬边、通球检验管内径等。

c. 焊缝内部质量:射线探伤后,按《承压设备无损检测》(JB/T 4730—2005)标准要求检查焊缝内部质量。

②时间定额:准备时间为 30 min,正式焊接时间为 60 min(焊接时间每超过 5 min 扣 1 分,不足 5 min 也扣 1 分,超过 10 min 此次考试无效)。

③安全文明生产:考核现场劳保用品穿戴情况、焊接过程是否正确执行安全操作规程;焊接完毕,操作现场是否清理干净,工具、焊件是否摆放整齐。

4)配分、评分标准

奥氏体型不锈钢大径管垂直固定对接手工 TIG 焊打底、焊条电弧焊盖面评分标准见表 3.6。

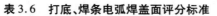

表 3.6　打底、焊条电弧焊盖面评分标准

序号	考核要求	配分	评分标准	扣分	得分
1	焊前准备	10	1.考件清理不干净,定位焊不正确扣 5 分 2.焊接参数调整不正确扣 5 分		
2	外观检查	40	1.焊缝余高满分 6 分,<0 mm 或 >3 mm 得 0 分,1~2 mm 得 6 分 2.焊缝余高差满分 6 分,>2 mm 扣 6 分 3.焊缝宽度差满分 6 分,>3 mm 扣 6 分 4.焊缝背面余高满分 4 分,>3 mm 扣 4 分 5.无咬边得 8 分,咬边 ≤0.5 mm,累计长度每 5 mm 扣 1 分,咬边深度 >0.5 mm,累计长度 >34 mm 扣 8 分 6.焊缝直线度满分 4 分,>2 mm,扣 4 分 7.焊缝背面凹坑深度 <1.2 mm,满分 6 mm,深度 >1.2 mm 或长度 >34 mm,扣 6 分 注:(1)焊缝表面不是原始状态,有加工、补焊、返修等现象,或有裂纹、气孔、夹渣、未焊透、未熔合等任何缺陷存在,此项考试按不合格论 (2)焊缝外观质量得分低于 24 分,此项考试按不合格论		
3	焊缝内部质量	40	射线探伤后,按 JB/T 4730—2005 评定,焊缝质量达到Ⅰ级扣 0 分 焊缝质量达到Ⅱ级扣 10 分 焊缝质量达到Ⅲ级,此项考试按不合格论		
4	安全文明生产	10	1.劳保用品穿戴不全,扣 2 分 2.焊接过程中有违反安全操作现象,视情节扣 2~5 分 3.试件焊完后,现场清理不干净,工具码放不整齐扣 3 分		

职业功能 *4*

焊接质量检验

　　本部分为焊工（中级）国家职业技能标准中的职业功能 4，主要涉及焊接接头的质量检测和控制共 5 个技能点。

技能内容
　　技能 4.1　焊接接头的质量检测和控制

技能 4.1　焊接接头的质量检测和控制

4.1.1　技能目标

①理解和掌握焊接接头的质量检测,通过学习能够安全文明生产。
②理解和掌握焊接接头控制工艺,以便提高焊接质量。

4.1.2　所需场地、防护具、工具及设备

①设备及场地准备:焊接实训室、焊机。
②工量具准备:焊接钢板、焊条、风帽、安全帽、护目镜、焊接工作服、焊接手套、焊接围裙、焊接护腿等。

4.1.3　相关技能知识

1.选择合适的焊接工艺方法

同一接头同一材料采用不同的焊接方法、焊接工艺时,焊接接头的性能会有很大的差异。所以,应该根据对焊接接头性能的影响及其他要求,综合考虑对焊接工艺、焊接方法的合理选择。

从减少焊缝合金元素的烧损、焊缝中的杂质元素、焊缝中的气体含量,以及热影响区的宽度、焊缝的组织特点等方面而言,钨极氩弧焊焊接时,合金元素基本上不烧损,焊接接头的力学性能最好;焊条电弧焊和埋弧焊的焊接接头力学性能较好;氧-乙炔气焊焊接接头力学性能最差。所以,重要的焊接结构应以钨极氩弧焊打底,用焊条电弧焊盖面为好。易淬火钢焊接时,为避免在过热区产生淬硬组织,常采用在焊前预热、焊接过程中严格控制层间温度和焊后缓慢冷却等工艺措施,用以改善焊接接头的力学性能。

2.选择合适的焊接参数

焊接过程中,焊缝熔池中晶粒成长方向,会随着焊接速度的变化而改变,随着焊接速度的增大,熔池中的温度梯度下降很多,使熔池中心的成分过冷加大,焊缝熔池结晶时,晶粒主轴的成长方向垂直于焊缝中心线,此时容易形成脆弱的结合面,所以,高速焊接时,常在焊缝中心处出现纵向裂纹。

此外,焊接参数对焊缝成型系数也有较大的影响,采用大焊接电流、中等焊接速度焊接时,可以得到较宽的焊缝;当采用小焊接电流、快速焊接时,焊缝的宽度将变窄,此时的柱状结晶从两侧向熔池中心生长,导致在熔池中心集聚杂质偏析,容易在此处形成裂纹。

3.选择合适的焊接热输入

焊接热输入的大小,不仅影响焊接接头的热循环特性,而且还对焊接接头的组织和脆化倾向及冷裂倾向有影响。由于各类钢的脆化倾向和冷裂倾向是不相同的,因此,对焊接热输入的敏感性也不相同。

（1）焊接含碳量低的热轧钢

当含碳量偏低的 Q295（09MnV、09Mn2）钢和 09Mn2Si 钢等焊接时，由于它们的淬硬倾向较小，小的焊接热输入也不会加大冷裂倾向，所以从提高过热区的塑性、韧性出发，选择偏小的焊接热输入是合适的。

（2）焊接含碳量偏高的 Q345（16Mn）钢及其他低合金钢

由于 Q345 钢及其他低合金钢的淬硬倾向增大，马氏体组织含量增高，采用小的焊接热输入会增大冷裂倾向及过热区的脆化倾向，所以，焊接热输入应选择大一些。焊接 Q420（15MnVN）钢和 Q390（15MnV）等钢时，由于增大焊接热输入会因晶粒长大而引起脆化，因此，焊接热输入的选择应偏小些。

（3）焊接含碳量和合金元素均偏高的正火钢（490 MPa）

如焊接正火钢 Q490（18MnMoNb）钢时，为避免淬硬倾向增大，虽然采用较小的焊接热输入，但是，焊接接头过热区的冲击韧度反而下降，并且还容易出现延迟裂纹。所以，焊接热输入应该选择偏大一些，而且还要采取焊前预热、焊后进行热处理的工艺。

4. 选择合理的焊接操作方法

焊接过程中，采用多层焊或多层多道焊，既可以减小每层焊道层的厚度，改善焊接接头的热输入，又可以利用每层焊缝的附加热处理作用，改善焊缝金属的二次结晶组织，改善焊接接头的力学性能。

5. 正确选择焊接材料

通常，焊缝金属的化学成分和力学性能应与被焊金属材料相近，但是，在大多数的情况下，是利用调节焊缝化学成分来改善焊缝和熔合区的力学性能的，这就使焊缝与被焊金属化学成分有所不同。同钢种的结构钢焊接时，按与钢材抗拉强度等强的原则选用焊接材料；异种结构钢焊接时，按强度较低的钢种选用焊接材料。为提高焊缝的抗裂性能，应降低焊缝中的 C 及 S、P 等元素的含量，此外，还要通过焊接材料向焊缝加入细化晶粒的金属元素，如 T、Nb、V、Al 等，以保证焊接接头的强度和塑性要求。对于承受动载荷的焊接接头，要选用熔敷金属具有较高冲击韧度的焊接材料。

6. 正确选择焊后热处理方法

正确选择焊后热处理方法，可以消除或减少焊接残余应力；消除焊缝中的氢，防止产生延迟裂纹；提高焊缝金属抗应力腐蚀的能力；提高焊接金属抗拉强度、冲击韧度和蠕变强度；提高焊接结构尺寸的稳定性，所以焊后热处理是改善焊接接头力学性能的工艺措施之一。

7. 控制熔合比

熔化焊时，被熔化的母材在焊缝金属中所占的百分比称为熔合比，如果母材含有合金元素较少、焊接材料含合金元素较多时，焊接材料中的合金元素对改善焊缝性能可起到关键的作用。熔合比应该适当控制小一些，如果母材 C、S、P 元素含量较多时，要减少 C、S、P 等进入焊缝中，提高焊缝的塑性和韧性，防止产生裂纹，所以要减小熔合比。

4.1.4 技能训练

焊接检验是控制焊接产品质量，保证焊接结构运行使用过程中安全可靠性的重要技术。焊接检验包括焊前检验、焊接生产中的检验和焊后检验,通常所说的焊接检验主要是指焊后成品的检验。常用的焊接检验方法有很多种,主要可分为破坏性试验和非破坏性试验两大类。

1.破坏性试验方法

破坏性试验就是从焊件或试板上切取试样,或以产品的整体破坏进行试验,主要检验各种力学性能。常用的破坏性试验方法包括力学性能试验、化学分析试验、金相试验、腐蚀试验等。

力学性能试验:金属的力学性能主要包括强度、塑性、韧性、硬度等。力学性能试验是用来测量焊接材料、焊缝金属及焊接接头在各种条件下的强度、塑性、韧性和硬度。

①拉伸试验:在焊接检验时,常通过拉伸试验来检验焊接接头(包括焊缝金属、熔合区、焊接热影响区)或焊缝金属的抗拉强度、屈服强度、拉伸率和断面收缩率等力学性能指标。试样的取样位置如图4.1、拉伸试验如图4.2所示。

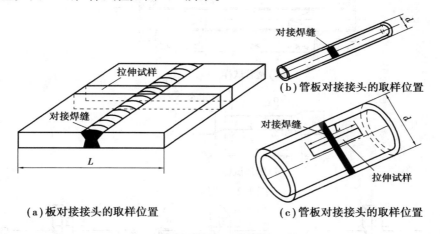

图4.1　试样的取样位置

②弯曲试验:用来测定焊接接头的塑性,可分为正弯、背弯和侧弯3种,可根据产品技术条件选定。背弯能发现焊缝的根部缺陷,侧弯能检验母材与焊层间的结合强度,如图4.3、图4.4、图4.5所示。

③冲击试验:主要用来测定焊接接头和焊缝金属在受冲击载荷时抗折断的能力。根据产品的不同需要,冲击试验可以在焊接接头的不同部位和不同方向选取,如图4.6、图4.7、图4.8所示。

④硬度试验(图4.9):用来检测焊接接头各部位硬度的分布情况,间接判断材料的焊接性,了解区域偏析和近缝区的淬硬倾向。

⑤疲劳试验:用来测定焊接接头或焊缝金属在对称交变载荷作用下的持久强度。在试样断裂后,观察其断口有无气孔、裂纹、夹渣或其他缺陷。

⑥压扁试验:用来测定管子焊接对接接头的塑性,如图4.10所示。

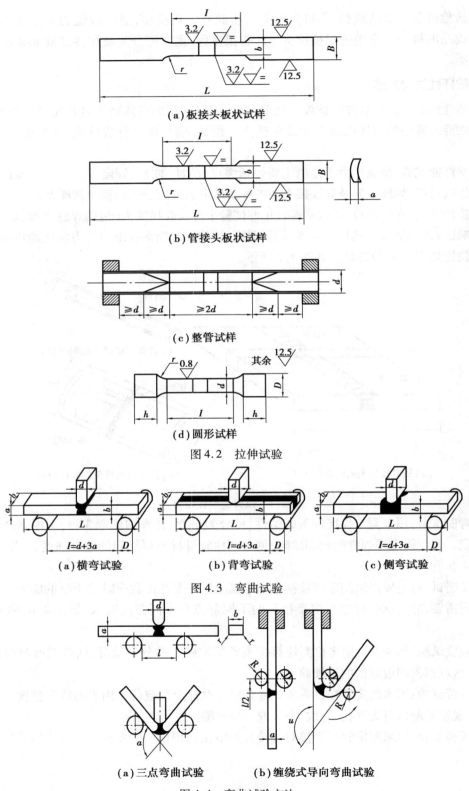

（a）板接头板状试样

（b）管接头板状试样

（c）整管试样

（d）圆形试样

图4.2　拉伸试验

（a）横弯试验　　　　　　　（b）背弯试验　　　　　　　（c）侧弯试验

图4.3　弯曲试验

（a）三点弯曲试验　　　（b）缠绕式导向弯曲试验

图4.4　弯曲试验方法

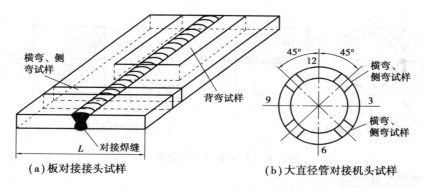

（a）板对接接头试样　　　　　　（b）大直径管对接机头试样

图 4.5　横弯、背弯和侧弯试样的截取位置

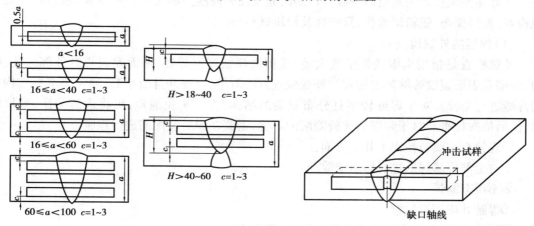

图 4.6　冲击试样的取样位置　　　　　图 4.7　冲击试验的缺口方向示意图

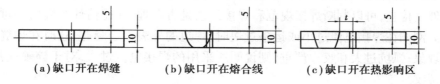

（a）缺口开在焊缝　　　（b）缺口开在熔合线　　　（c）缺口开在热影响区

图 4.8　冲击试样的缺口位置

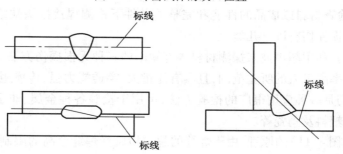

图 4.9　接头硬度测定位置

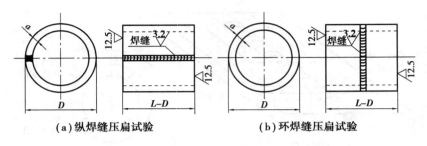

（a）纵焊缝压扁试验　　　　　　（b）环焊缝压扁试验

图4.10　压扁试样的形状和尺寸

2. 非破坏性试验方法

非破坏性试验方法是指以不破坏产品的完整性和性能为前提的各种试验，包括焊缝的外观检查、无损探伤、磁粉试探伤、致密性及耐压试验等。

（1）焊缝的外观检查

外观检查是指用肉眼或低倍放大镜，或借助样板观察焊缝，从而发现焊缝外部气孔、咬边、焊瘤及表面裂纹等缺陷的过程。外观检查方法简单、直观并且效率高，通常要求在结构中的焊缝进行全检。对于焊缝较多且分布复杂的结构，为了避免漏检，可将焊缝分区、分块编号，然后依次检查。对于装配后比较隐蔽的焊缝，需要在焊后装配前进行检验。

外观检查主要包括以下几个方面：

①对全部焊缝焊后进行熔渣清除。

②不得有漏焊。

③焊趾处应圆滑过渡。

④焊缝的高度、宽度和表面纹路要均匀，没有突变。

⑤整条焊缝及热影响区表面应无气孔、裂纹、焊瘤、烧穿等缺陷。

通过外观检查，可以判断焊接规范和焊接工艺是否合理，并能估计焊缝内部可能产生的焊接缺陷。例如在焊接电流过小或运条过快时，焊道的外表面会隆起，这时在焊缝中往往会有未焊透现象；弧坑过大和咬边严重，则说明所采用的焊接电流过大，对于淬硬性强的钢，则容易产生裂纹。

（2）无损探伤

在不破坏被检查材料或成品的性能和完整的条件下检测焊接接头缺陷的方法均属于无损探伤，常用的无损探伤有以下几类。

①超声波探伤：利用超声波来探测材料内部缺陷的一种无损探伤方法。超声波与声波都属于机械波，其频率高于人的听觉范围，且具有能量大，穿透能力强，传播距离远，指向性好等特点。超声波探伤是一种应用很广的检验方法，可用于检验各种金属、非金属材料，如焊件、锻件、铸件、板材、塑料及陶瓷等。

超声波探伤（图4.11）的原理：由于焊缝的超声检验受焊缝余高的限制，又存在缺陷方向性的要求，因此主要通过超声波倾斜射入工件的探头来检验。

②射线探伤：检验焊缝内部缺陷的一种准确而可靠的方法，主要是利用射线的穿透能力和穿透不同物质时衰减程度不同的特性，通过在胶片或荧光屏上反映的照射强度的变化，来判断内部缺陷的。它可以显示出缺陷的种类、形状和大小，并进行永久的记录。

射线探伤(图4.12)的特点及应用:射线探伤包括 X 射线、γ 射线和高能射线,其中 X 射线应用最多,影像缺陷分析见表4.1。X 射线透照时间短,速度快,当被检查厚度小于 30 mm 时,显示缺陷的灵敏度高。

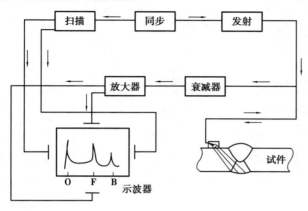

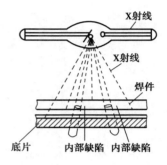

图4.11　超声波探伤图　　　　　　　图4.12　X 射线工作原理图

表4.1　X 射线影像缺陷分析

缺陷类型	影像特征	产生原因
裂纹	在胶片上一般呈略带曲折的、波浪状的黑色细条纹,或呈直线状,轮廓分明,中部稍宽,有时呈树枝状	(1)母材与焊接材料成分不当 (2)焊接工艺参数选择不当 (3)应力集中的影响
气孔	多呈圆形或椭圆形黑点,中心处黑度较大,均匀向四周减少;气孔分布有密集型的,也有分散或呈链状分布的	(1)母材与焊接材料表面油污、水分、铁锈影响 (2)焊接速度过快或电弧过长 (3)母材坡口储存在夹层
夹渣	呈不同形状的点状或条状,条状夹渣外观不规则,黑度均匀;条状夹渣呈粗线条状	(1)焊接电流小,坡口角度小或操作时运条不当 (2)多层焊时,层间清渣不彻底 (3)焊件上存在铁锈或焊条药皮性能不当等
未焊透	在底片上呈规则的直线状黑色线条,常伴有气孔或夹渣,在 X、V 形坡口的焊缝中,根部未焊透出现在中间 K 形坡口侧偏离焊缝中心	(1)焊接工艺参数选择不当 (2)开坡口不当,间隙太小等
未熔合	在胶片上呈一边平直,另一边弯曲,颜色深浅均匀,线条宽,端头不规则	(1)坡口尺寸不当,坡口不够清洁等 (2)焊接电流和电压不合适,焊条直径和种类不当等
夹钨	在底片上呈不规则的白亮斑点	采用钨极氩弧焊时,熔化的钨进入焊缝

X 射线探伤质量等级的评定:根据国家标准《金属熔化焊焊接接头射线照相》(GB/T

3323—2005）的规定,将焊接接头质量分为四级。各级焊接接头中不允许存在的缺陷；Ⅰ级焊缝中无裂纹、未熔合、未焊透和条形缺陷；Ⅱ级焊缝中无裂纹、未熔合、未焊透存在；Ⅲ级焊缝中无裂纹、未熔合以及双面焊合加垫板的单面焊中的未焊透。焊缝缺陷超过Ⅲ级者为Ⅳ级。

参考文献

[1] 机械工业职业技能鉴定指导中心. 中级电焊工技术[M]. 北京:机械工业出版社,2002.

[2] 刘云龙. 焊工鉴定考核试题库(初级工、中级工适用)[M]. 北京:机械工业出版社,2011.

[3] 刘云龙. 焊工　中级[M]. 北京:机械工业出版社,2007.

[4] 中国就业培训技术指导中心. 国家职业资格培训教程　焊工[M]. 2 版. 北京:中国劳动社会保障出版社,2013.

[5] 机械工业职业教育研究中心组. 电焊工技能实战训练——入门版[M]. 2 版. 北京:机械工业出版社,2004.

[6] 高忠民,金凤柱. 电焊工入门与技巧[M]. 北京:金盾出版社,2006.

[7] 周峥,张安刚,李士凯. 焊工技能培训与鉴定考试用书　中级[M]. 济南:山东科学技术出版社,2006.